中国保护性耕作发展战略研究

罗锡文　李洪文　主编

U0219331

中国农业大学出版社

· 北京 ·

内 容 简 介

本书是中国工程院战略研究与咨询项目"中国保护性耕作发展战略研究"的成果,系统介绍了保护性耕作的内涵及实施保护性耕作在改善土壤结构、培肥土壤地力、提升抗旱能力、增强水土保持、实现节能减排、提高生产效益等方面的意义,回顾了我国保护性耕作发展的三个重要阶段及取得的成就和存在的问题,梳理了北美洲、南美洲、欧洲、大洋洲、非洲、亚洲不同国家和地区保护性耕作的发展历程和经验,分析了我国保护性耕作发展面临的新形势和新挑战。在此基础上,提出我国保护性耕作的总体发展思路和未来发展战略构想和战略目标;以战略构思和战略目标为指导,明确了保护性耕作未来的重点研究内容和重大工程,并提出政策建议。

本书可供农业领域的科技工作者和研究人员学习使用,也可供该领域的各级管理者参考。

图书在版编目(CIP)数据

中国保护性耕作发展战略研究 / 罗锡文,李洪文主编. ‒‒北京:中国农业大学出版社,2024.12. ‒‒ISBN 978-7-5655-3374-7

Ⅰ.S341

中国国家版本馆 CIP 数据核字第 20248VY246 号

书　　名	中国保护性耕作发展战略研究
	Zhongguo Baohuxing Gengzuo Fazhan Zhanlüe Yanjiu
作　　者	罗锡文　李洪文　主编

策划编辑	赵　艳　刘艳平	责任编辑	赵　艳　刘艳平
封面设计	中通世奥图文设计		
出版发行	中国农业大学出版社		
社　　址	北京市海淀区圆明园西路 2 号	邮政编码	100193
电　　话	发行部 010-62733489,1190	读者服务部	010-62732336
	编辑部 010-62732617,2618	出 版 部	010-62733440
网　　址	http://www.caupress.cn	E-mail	cbsszs@cau.edu.cn
经　　销	新华书店		
印　　刷	河北虎彩印刷有限公司		
版　　次	2024 年 12 月第 1 版　　2024 年 12 月第 1 次印刷		
规　　格	150 mm×230 mm　　16 开本　　8 印张　　82 千字		
定　　价	39.00 元		

编写人员

主　编　　罗锡文（华南农业大学）

　　　　　李洪文（中国农业大学）

副主编　　臧　英（华南农业大学）

　　　　　卢彩云（中国农业大学）

编　者　　（按姓名拼音排序）

　　　　　陈海涛（黑龙江东方学院）

　　　　　丁为民（南京农业大学）

　　　　　何　进（中国农业大学）

　　　　　李洪文（中国农业大学）

　　　　　廖　娟（华南农业大学）

　　　　　卢彩云（中国农业大学）

　　　　　罗锡文（华南农业大学）

　　　　　区颖刚（华南农业大学）

　　　　　汪　沛（华南农业大学）

　　　　　王　超（中国农业大学）

　　　　　王庆杰（中国农业大学）

　　　　　王在满（华南农业大学）

　　　　　臧　英（华南农业大学）

目　　录

摘　要

保护性耕作是一种以农作物秸秆覆盖还田、免（少）耕播种为主要内容的耕作技术体系，具有减轻土壤风蚀水蚀、改善土壤结构、增加土壤肥力、保墒抗旱、节本增效等作用。联合国粮食及农业组织认定这是一项农业生产与环境保护双赢的技术，已在全球 100 多个国家和地区推广应用。

保护耕地、保障国家粮食安全是我国的基本国策，有法可依　《中华人民共和国黑土地保护法》明确要求："因地制宜推广免（少）耕、深松等保护性耕作技术。"习近平总书记指出"耕地是粮食生产的命根子"，"要像保护大熊猫那样保护耕地"，还要求加快耕地质量保护立法。《中华人民共和国粮食安全保障法》要求县级以上人民政府应当采取土壤改良、地力培肥、治理修复等措施，提高中低产田产能，治理退化耕地，提升耕地质量；并且明确省、自治区、直辖市主要负责人是本行政区域耕地保护和粮食安全的第一责任人，对本行政区域内的耕地保护和粮食安全目标负责。

保护性耕作是落实耕地保护、藏粮于地战略的重要措施保护性耕作通过少耕甚至免耕减少对耕地的破坏，通过地表秸秆覆盖强化对土壤的保护与培肥，实现耕地"护、养、用"三结合。有关科研院所在东北黑土地长期定位监测结果表明，连续实施保护性耕作 5 年后，表层 20 cm 土壤有机质含量增加 10% 左右；0~30 cm 深度土层饱和导水率增加 30% 左右，土壤稳定水分入渗率增加 26% 左右，冬休闲期水分无效蒸发减少 19.7 mm；农田地表径流减少 40%~80%，农田扬尘减少 35%~70%；降低生产成本 20% 左右，保障粮食高产甚至增产。

政策推动是保护性耕作稳步发展的核心保障 从 2005 年开始，保护性耕作已被 11 次写入中央一号文件；被写入国务院印发或国务院同意印发的多个规划、决定和意见中，包括：2005 年《国务院关于进一步加强防沙治沙工作的决定》、2006 年《国家中长期科学和技术发展规划纲要（2006—2020 年）》、2010 年《国务院关于促进农业机械化和农机工业又好又快发展的意见》、2011 年《国务院办公厅关于开展 2011 年全国粮食稳定增产行动的意见》、2011 年《全国现代农业发展规划（2011—2015 年）》、2012 年《国家农业节水纲要（2012—2020 年）》、2014 年《国务院关于建立健全粮食安全省长责任制的若干意见》、2014 年《国家应对气候变化规划（2014—2020 年）》、2015 年《全国农业可持续发展规划（2015—2030 年）》、2015 年《国务院办公厅关于加快转变农业发展方式的意见》、2016 年《全国农业现代化规划（2016—2020 年）》、2017 年《全国国土规划纲要（2016—2030 年）》、2017 年《中共中央 国务院关于加强耕地保护和改进占补平衡的意见》、2018 年《打赢蓝天保卫战三年行动计划》、2018 年《国务院关于加快推进农业机械化和农机装备产业转型升级的指导意见》和 2021 年《黄河流域生态保护和高质量发展规划纲要》。2022 年写入《中华人民共和国黑土地保护法》。由此，保护性耕作已从行业技术上升为国家行动。

示范推广项目是保护性耕作快速发展的关键措施 2002 年，农业部（现农业农村部）召开了我国第一届保护性耕作现场会，同年启动了保护性耕作示范推广专项，在我国北方 15 个省、自治区、直辖市示范推广保护性耕作；2009 年，经国务院同意，农业部与国家发展改革委联合印发《保护性耕作技术工程建设规划（2009—2015 年）》，在 6 个保护性耕作类型区，以县（农场）为项目单元，建设 600 个保护性耕作工程区（共 2 000 万亩），建设国家保护性耕作工程技术中心 1 个，强化了保护性耕作科研及推广能力建设；2020 年，经国务院同意，农业农村部与财政部联合印发《东北黑土地保护性耕作行动计划（2020—2025 年）》，力争到 2025 年保护性耕作实施面积达到 1.4 亿亩，占东北地区适宜区域耕地总面积的 70% 左右。

我国保护性耕作技术发展历程与成就 20 世纪 50 年代，我国开始免耕技术研究；90 年代初，以抗旱增收和减少水土流失、实现可持续发展为目标，在黄土高原一年一熟区开展保护性耕作技术研究，创新了适合地块小、拖拉机动力小、经济购买力弱等为主要特征的保护性耕作技术模式，创制了配套机具，验证了保护性耕作在我国干旱地域的适用性。20 世纪末，创新驱动防止残茬导致堵塞的小麦免耕少耕播种技术与装备，与已有的夏玉米免耕播种技术融合，构建了两熟区周年保护性耕作技术模式；研究了东北黑土区玉米保护性耕作技术模式，并成功开发出系列免耕精量播种机。目前，适合东北黑土区、北方农牧交错区、西北黄土高原区、西北绿洲农业区和黄淮海两熟区等类型区的保护性耕作体系已基本形成，实现了"模式可选"；配套的秸秆还田、少耕整地和免少耕播种机具已商业化生产，实现了"有机可用"。1992 年之前，包含"保护性耕作"关键词的中文论文总计不足 10 篇（翻译为主），2023 年年底，相关中文论文总计已达到 5 800 多篇。保护性耕作技术与装备的系列成果先后 5 次获得国家科学技术进步奖二等奖。这些创新成果为保护性耕作发展提供了有力的技术保障。

国外保护性耕作发展现状和经验 美国、加拿大、巴西、阿根廷和澳大利亚等国家保护性耕作应用范围已经超过70%，其主要经验是财政补贴引导与法律推动并重。例如美国政府既设立了专门经费，用于保护性耕作技术研究和装备研发，以及技术示范、技术熟化过程中的产量损失、风险、管理等，又制定了《土壤保护法案》《食品安全法案》，强制要求农场主在侵蚀、退化严重地区必须采用保护性耕作措施。加拿大、澳大利亚政府也在保护性耕作方面启动了大量的科研、示范推广、培训项目，并且对采用此项技术的农场主给予相应的优惠补贴。

我国保护性耕作发展面临的新形势与新挑战 党中央高度重视耕地保护和藏粮于地战略，粮食安全是"国之大者"，耕地是粮食生产的命根子，是粮食安全的生命线，是中华民族永续发展的根基；保障粮食安全和维护生态平衡是农业可持续发展的主要途经；农业减排固碳既是实现"双碳目标"

的重要举措，也是潜力所在；《中华人民共和国黑土地保护法》要求实施保护性耕作。国家的政策与法律为我国保护性耕作提供了极其重要的战略机遇。虽然我国保护性耕作研究与实践已有30多年，但是大范围推广应用仍然面临诸多挑战：传统观念转变难且慢是需要面临的"认知挑战"；提升支持力度、提高持续性是高质发展需要面临的"政策挑战"；基础研究薄弱、先进技术不足是稳步发展需要面临的"理论挑战"；关键部件、机具水平不高是快速发展需要面临的"装备挑战"。

我国保护性耕作发展战略构想和战略目标　基于我国30多年保护性耕作的实践成效和经验，以及面临的新形势和新挑战，为了落实耕地保护和"藏粮于地、藏粮于技"国家重大战略，贯彻落实习近平总书记"要像保护大熊猫那样保护耕地"的指示，提出了我国保护性耕作发展的战略构想。建设贯穿三北地区易受侵蚀农田的固土屏障和干旱缺水区域农田的地下水库，力争到2035年实现保护性耕作面积超3亿亩，建成增产稳产百亿斤粮食的"新粮仓"，对国家千亿斤粮食行动贡献率达10%以上。同时，实施保护性耕作的高产田质量不降低，中低产田质量显著提升，有效遏制土地退化，持续提升耕地质量和产出率，改善生态环境，提升农业生产效益。保护性耕作装备种类基本齐全，整体性能达到国际先进水平，在多熟区保护性耕作技术与装备方面达到国际领跑水平。

我国发展保护性耕作的重点研究任务和重大工程建议①研究制定我国保护性耕作技术发展规划，明确急需采用、选择性采用、无须采用保护性耕作的区域，制定保护性耕作行动计划实施方案和发展路线图，研究并提出效果可持续的补贴政策建议；②开展基础理论研究、技术与产品创新，研究保护性耕作对农田环境和产量的影响规律，创新核心部件、系统设计理论与专用材料，研发配套高端机具产品，制定因地制宜的指导性区域技术模式和技术规程，构建区域性技术体系；③实施北方一熟区保护性耕作行动计划，建立100个省（区）级和 N 个县级效果监测点，到 2035 年，力争北方一熟适宜区域保护性耕作应用面积超 2.5 亿亩；④实施两熟区保护性耕作示范工程，建立效果监测点，制定技术模式，创新、升级、完善配套装备，开展大宣传、大培训，到 2035 年，力争应用面积稳定在 5 000 万亩以上；⑤实施保护性耕作装备保障能力提升工程，提高装备的适应性、可靠性和智能化水平，到 2035 年，我国保护性耕作装备种类基本齐全，整体性能达到国际先进水平，在多熟区保护性耕作技术与装备方面达到国际领跑水平。

我国发展保护性耕作的配套政策建议　①加强顶层设计，制定保护性耕作发展规划和配套政策。制定我国保护性耕作中、长期发展规划，确定适宜发展区域，明确发展路径；在高标准农田建设过程中，要求在适宜区域实施保护性耕作；整合土地保护各项政策，形成保护性耕作发展合力。②强化法律保障，制定我国保护性耕作实施条例。明确要求在土壤风蚀、水蚀和地下水下降严重的区域，必须采用保护性耕作技术措施，否则无法享受农业方面的各种补贴以及农机购置补贴；在新一轮土地承包过程中，以合同条款方式，要求保护性耕作适宜区内的耕地必须采用保护性耕作。③鼓励科技创新，强化保护性耕作发展的技术支撑。制定保护性耕作科技创新中长期发展规划；建设国家级保护性耕作装备创新中心，提升装备创新和协同攻关能力；设立保护性耕作科研专项，或在国家现代农业产业技术体系中设立保护性耕作专项，有序开展有组织的科技创新；建立野外观测试验站，长期定位监测保护性耕作效应。④加大财政支持力度，发挥政策导向和激励作用。实施优机优补政策，加大对保护性耕作核心机具、高性能机具补贴力度，对具有较大市场潜力的保护性耕作新机具给予中试熟化补贴；实施保护性耕作作业补贴政策，引导、鼓励农民采用保护性耕作；设立保护性耕作人才培养专项，培养不同层次的专门技术人才，培训保护性耕作宣传员和推广骨干，培训农村保护性耕作带头人。

第一章 保护性耕作的内涵与意义

一、保护性耕作的内涵

传统的耕翻作业，通过机械作用翻转土层，可消灭地面残茬和杂草，并疏松土壤，创造出良好的种床，有利于播种和作物生长，但同时也破坏了土壤的结构，加剧了土壤水分蒸发及土壤的风蚀和水蚀；旋耕切碎土壤，创造了松软细碎的种床，但同时也消灭了土壤中的有益生物，使土壤逐渐失去活性。耕作强度越大，土壤偏离自然平衡状态越远，自然本身的保护功能、营养恢复功能就丧失越多，维持和恢复这种状态的代价就越大。

保护性耕作，又叫保护性农业，产生于20世纪30年代美国的沙尘暴防治，最初叫作"免耕法"，20世纪80年代形成"保护性耕作"概念。在东北黑土地保护性耕作行动计划中，农业农村部将保护性耕作定义为：一种以农作物秸秆覆盖还田、免（少）耕播种为主要内容的现代耕作技术体系，能够有效减轻土壤风蚀水蚀、增加土壤肥力和保墒抗旱能力、提高农业生态和经济效益。联合国粮食及农业组织

（FAO）认为，保护性耕作是一种保持土壤最少扰动（如免耕）、维持永久土壤覆盖和植物物种多样化的耕作系统。它增强了地表以上和地下的生物多样性和自然生物过程，有助于提高水和养分利用效率，并改善和维持作物生产。其原则如下：

1. 最少的土壤机械扰动（minimum mechanical soil disturbance）

通过低扰动免耕和直接播种可将土壤的机械扰动降至最低程度。受扰动的土壤区域必须小于 15 cm 宽或小于种植面积的 25%（以较低者为准）。不应有超过上述限制范围的周期性耕作。如果受扰动的区域小于设定的限制，则允许进行条带耕作。

2. 永久的土壤有机物覆盖（permanent soil organic cover）

根据土壤有机物覆盖率（覆盖植物残茬或作物等）分为 3 类：30%～60%、60%～90% 和 ＞90%，在直接播种后立即测量。有机物覆盖率低于 30% 的地块不符合保护性农业条件。

3. 物种多样化（species diversification）

通过至少3种不同作物轮作和（或）间作。

二、实施保护性耕作的意义

全球100多个国家的大量实践表明，保护性耕作具有显著的保土、保肥、保水、节能降耗、节本增产效果，符合耕地保护、藏粮于地的国家重大战略需求。

1. 减少土壤破坏，改善土壤结构

保护性耕作的作物根茬保留在土壤中，根系形成的孔道，可以促进水分入渗、运移和气体交换；秸秆与根茬腐烂还田后，土壤中微生物更加活跃，蚯蚓数量增多，有利于耕层疏松、稳定；作业工序和机具进地次数的减少，减轻了机具对土壤的压实破坏；免耕、少耕可以减少对土壤团粒结构的破坏。这是一个缓慢的、长期的过程，需要年复一年的积累。

与传统耕作相比，免耕更利于提高大粒径团聚体的含量，且土壤结构的稳定性也显著提高，作用深度可达50 cm以上。根据农业农村部保护性耕作研究中心在山西临汾16年、北京8年、内蒙古武川农牧交错区10年长期定位的试验结果，保护性耕作能分别降低0～30 cm深度土层土壤容重2.2%、1.2%、2.8%；增加大粒径（＞2 mm）水稳团粒数，减少小粒径（＜0.25 mm）水稳团粒数。在武川，与传统耕作相比，保护性耕作可增加 13％～37％ 的大粒径团粒数，减少 25％～59％ 的小粒径团粒数，增加 0～30 cm 深度土层 40％ 左右的土壤通气孔隙和 9％ 左右的土壤蓄水孔隙数量。

2. 秸秆覆盖还田，培肥土壤地力

保护性耕作地表覆盖的秸秆腐烂，增加了土壤肥力和有机质含量，大量废弃的秸秆变废为宝。秸秆覆盖又为很多有机体创造了良好的生活环境，如农田昆虫、土生的真菌和细菌，这些有机体浸润在覆盖层和土壤混合，死亡后在土壤中降解成为腐殖质。保护性耕作有利于解决耕地长期"反哺不够""给养不足"的问题，有利于促进土壤由"黄"变"黑"，蚯蚓数量和土壤生物多样性的增加。

中国科学院东北地理与农业生态研究所研究表明，实施保护性耕作可将秸秆中 26％ 的碳留在土层中，形成有机质，其中 16％ 的碳在表层土壤中，10％ 的碳通过淋溶到达深层土壤。保护性耕作吉林梨树模式表明，连年秸秆覆盖还田，使得表层土壤有机质含量呈递增趋势。秸秆全覆盖免耕 5 年后，0～5 cm 深的土壤有机质含量可增加 20％ 左右，土壤中的氮、磷、钾元素含量显著提高，化肥使用量可减少约 20％。临汾（16 年）、北京（8 年）和武川（10 年）长期保护性耕作试验表明，与传统耕作相比，农田土壤表层（0～10 cm）有机质含量分别提高 21.7％、10.5％ 和 23.1％，全氮含量分别提高 51.5％、24.3％ 和 23.8％，速效磷含量分别提高 56.3％、48.5％ 和 10.5％。在临汾，保护性耕作 6

年的麦田有蚯蚓 $3\sim5$ 条/m^2，10 年以后有 $10\sim15$ 条/m^2，而传统耕作小麦田没有蚯蚓（图 1-1）。

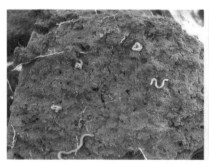

图 1-1　保护性耕作地块中的蚯蚓

3. 增渗减蒸保墒，提升抗旱能力

保护性耕作良好的土壤结构提高了水分入渗能力；秸秆覆盖减缓了雨滴对土壤的直接冲击，并对土壤表层的湿度和温度具有一定的调节作用，可以大幅度减少地表径流和土壤水分的无效蒸发，增强土壤蓄水保墒能力，提升农田抗旱节水能力。

山西临汾多年保护性耕作试验表明，与传统耕作相比，保护性耕作可以提高 $0\sim30$ cm 深度土层约 30% 的饱和导水率，在深层的 $15\sim30$ cm 土层效果更加显著；在降雨或灌溉时，保护性耕作可增加约 26% 的土壤稳定水分入渗率，还可以减少土壤水分无效蒸发；临汾市多年监测表明，冬小麦休闲期内传统耕作地蒸发量为 217.6 mm，保护性耕作地蒸发量为 197.9 mm，减少蒸发损失 19.7 mm。河北灌溉中心试验站测定，夏玉米生育期间，覆盖麦秸田比不覆盖田平均减少蒸发 56 mm。中国科学院东北地理与农业生态研究所在吉林省的试验表明，保护性耕作可增加土壤含水量 16%～

19％，提高水分利用效率 12％～16％，相当于增加 40～50 mm 降雨量。

4. 减风蚀降水蚀，增强水土保持

保护性耕作减少风蚀的作用主要体现在：①秸秆残茬覆盖不仅降低了地表风速，而且作物根茬可以固土、秸秆可以挡土；②增加了土壤水分含量（图 1-2），增强了表层土壤之间的吸附力；③改善了团粒结构，使可风蚀的小颗粒含量减少，从而可以有效地减少农田扬尘。根据农业农村部保护性耕作研究中心在河北丰宁县、内蒙古武川县和赤峰市、辽宁凌源市的监测结果，保护性耕作可分别减少农田扬尘 70％、62％、34％和 37％（图 1-3）。李银科等（2019）研究发现，与传统耕作相比，免耕不覆盖和免耕秸秆覆盖处理 0～30 cm高度输沙量分别减少 17.4％～46.7％和 21.7％～45.2％。

图 1-2 保护性耕作与传统耕作地表积水对比

（左：保护性耕作，右：传统耕作）

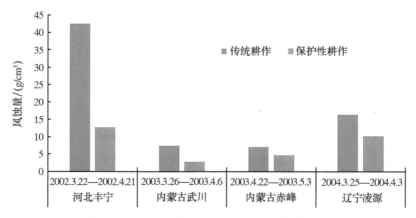

图 1-3　保护性耕作与传统耕作风蚀量对比

保护性耕作减少土壤水蚀的作用主要体现在：①采用免少耕和秸秆覆盖，可有效改良土壤结构，提高降雨、灌溉时土壤水分的入渗能力；②降雨时雨滴的动能被秸秆吸收，防止激溅；阻碍土壤表层水流，延缓径流发生时间，从而有效抑制水蚀。白鑫等（2020）在黄土高原区、东北黑土区、北方沙土区的研究表明，与传统耕作相比，免耕秸秆覆盖的径流量平均减少 20.8%～43.9%，深松的径流量平均减少 23.5%～67.9%。贺云峰等（2020）在东北黑土区研究发现，在 50 mm/h 降雨强度下，传统耕作处理的径流量分别是秸秆深松还田、秸秆碎混和免耕＋残茬覆盖处理的 1.6 倍、2.3 倍、3.0 倍，侵蚀量分别为 7.8 倍、11.4 倍、31.5 倍；100 mm/h 降雨强度下，传统耕作处理的径流量分别是秸秆深松还田、秸秆碎混和免耕＋残茬覆盖处理的 1.6 倍、2.0 倍、2.9 倍，侵蚀量分别为 5.8 倍、9.4 倍和 31.0 倍。

5. 减工序降油耗，实现节能减排

保护性耕作通过减少农机作业次数、减少土壤扰动，可有效降低燃油、肥料等农业物资投入，提高氮肥利用率，缓解土壤有机质分解速率，培肥地力，促进土壤固碳量的增加；作物秸秆覆盖可减少露天焚烧，降低温室气体排放。通过减少秸秆焚烧，提升土壤固碳能力，直接降低温室气体排放。

农业农村部保护性耕作研究中心在华北一年两熟区（冬小麦-夏玉米）全程机械化作业油耗的测定结果显示，与传统耕作相比，夏玉米免耕播种能降低油耗42.5%，冬小麦免少耕播种能降低油耗69.6%。禄兴丽（2017）研究表明，在西北旱区冬小麦夏玉米轮作模式下，传统耕作和旋耕秸秆还田模式的能量投入为63.52 GJ/hm² 和52.69 GJ/hm²，分别比免耕秸秆覆盖模式下的能量投入高28.98% 和14.39%；与传统耕作和旋耕秸秆还田相比，免耕秸秆覆盖模式下的碳释放量分别减少22.11% 和11.21%。

6. 降成本增产量，提高生产效益

降低生产成本。保护性耕作可减少灭茬、旋耕、起垄、镇压、搂秆和坐水等生产工序，降低了劳动力成本，节省了机械使用费用和燃油成本。赵云等（2018）研究发现，与常规机械条播方式相比，免耕秸秆覆盖精量播种简化大豆生产环节、降低农耗，使得生产投入降低40%左右，大豆生产效益提高28%左右。黑龙江省泰来县的监测表明，与传统耕作相比，保护性耕作每亩可节约生产成本30～55元，占总成本的10%～15%，作业效率也有显著提升。吉林省榆树市晨辉种植专业合作社测算表明，传统耕作需要进行旋耕灭茬施肥、起垄、播种、镇压、苗前封闭除草、苗期中耕除草、垄沟施肥、喷矮化剂和收获等9次作业，而保护性耕作只需要深松、秸秆归行、免耕播种、苗带喷药除草和收获等5次作业即可，每公顷可节省作业成本1000元以上。

增加作物产量。保护性耕作减少土壤破坏、改善土壤结构，秸秆覆盖还田、培肥土壤地力，增渗减蒸保墒、提升抗旱能力，减风蚀降水蚀、增强水土保持。具有这些优势的保护性耕作地块，如果采用适宜的免少耕播种机规范作业保证播种质量，并且有效防控杂草病虫害，总体上可以保持作物高产甚至增产。中国农业科学院作物科学研究所张卫健团队分析了我国2013年之前发表的保护性耕作产量相关的中英文论文，其中5年以上试验的论文76篇，包括123项试验，结果表明，保护性耕作平均增产4.6%，其中玉米、水稻、小麦分别增产7.5%、4.1%、2.9%。李少昆团队对1994—2005年的2 246篇论文分析，具有科学试验设计和完整产量数据的研究论文141篇，包括751组产量数据，结果表明，大部分保护性耕作试验增产，但也有10.92%的减产报道。

第二章　我国保护性耕作发展状况

一、我国保护性耕作发展历程

我国系统研究保护性耕作技术始于 20 世纪 90 年代初，当时主要是在黄土高原一熟区，创制中小型保护性耕作机具，创建适合这一区域小地块、小动力和低收入农业生产条件的技术模式，回答了保护性耕作在我国"行不行"的问题。2000 年前后，研究玉米秸秆覆盖地小麦免少耕播种技术，形成玉米小麦两熟区周年保护性耕作模式，在华北两熟区推广应用。2002 年农业部开始在整个北方示范推广保护性耕作技术，在农业部保护性耕作示范工程带动下，研究东北黑土地保护性耕作技术与装备；2020 年国家启动东北黑土区保护性耕作行动计划，加快保护性耕作在东北黑土区的推广应用。截至目前，我国保护性耕作实施面积已经超 1 亿亩。

（一）第一阶段：在一熟区开展模式与机具初创，局部示范

1991 年，北京农业工程大学（现中国农业大学）与澳大利亚昆士兰大学及山西省农机局合作，以黄土高原一年一熟区的小麦和玉米为对象，针对小地块、小动力特点，研制

了以窄型开沟器、高地隙和双排梁为结构特征的中小型免耕播种机，研制了适合秸秆覆盖地的深松机、带状耕作机和弹齿式浅松机等少耕机具；创建了以秸秆覆盖、少耕或者免耕播种为主要特征的机械化保护性耕作技术模式，可减轻土壤侵蚀 33%～76%，提高土壤贮水量 7%～13%，节本增效 60～130 元/亩。1999 年，农业部批准在中国农业大学成立保护性耕作研究中心（CTRC）。截至 2000 年，在山西及周边省份推广应用 100 多万亩。2002 年，保护性耕作获得第一项国家科学技术进步奖二等奖。

第一阶段的主要影响和贡献是：初创了适合我国当时农业农村条件的保护性耕作配套机具，并构建了技术模式，证明了保护性耕作在中国不但可行，而且可以采用自主创新的中小型机具实现机械化作业。

（二）第二阶段：扩展到两熟区，成为主推农业技术

2002 年，时任国务院副总理温家宝批示"改革传统耕作方法，发展保护性耕作技术，对于改善农业生产条件和生态环境具有重要意义。农业部要制定规划和措施，积极推进这项工作"，同年农业部启动保护性耕作示范工程。2005 年，保护性耕作第一次被写入中央一号文件；2006 年，被写入《国家中长期科学和技术发展规划纲要（2006—2020 年）》，同年，北京市政府与农业部联合启动"北京市全面实施保护性耕作项目"，计划用 3 年时间在北京 85%以上耕地实施保护性耕作；2009 年，国务院批准印发《保护性耕作技术工程建设规划（2009—2015 年）》，强化了北方 600 个县保护性耕作能力建设，并建成国家保护性耕作工程技术中心；2014 年，被

列入《国家应对气候变化规划（2014—2020年）》；2015年，被列入《全国农业可持续发展规划（2015—2030年）》。

为了适应华北两熟区、东北黑土区保护性耕作推广需求，研究玉米秸秆覆盖地小麦免少耕播种技术，创新了带状浅旋少耕播种、条带粉碎免耕播种和驱动圆盘免耕播种等动力驱动型小麦免少耕播种机，与夏玉米免耕播种技术融合，形成了玉米小麦两熟区周年保护性耕作技术模式，产生了较大的国际影响力。

研究适合东北黑土区不同条件的全程秸秆覆盖免耕、秸秆覆盖少耕、留茬覆盖免耕、免耕与少耕轮换的黑土地保护性耕作技术模式，研制成功秸秆还田机、秸秆带状归行机、带状耕作机、深松机和圆盘耙等秸秆处理与少耕装备，以及机械式、气力式玉米免耕精量播种机。

第二阶段的主要影响与贡献是：将我国保护性耕作从黄土高原一熟区扩展到华北两熟区和东北黑土区，成为整个北方地区的农业主推技术，写入多个国家级规划；在国际上率先实现了玉米秸秆覆盖地小麦免少耕播种。

（三）第三阶段：强化耕地保护，上升为国家行动

随着保护性耕作应用范围的逐步扩大，及其在防治农田侵蚀、改善土壤结构、培肥地力方面作用的逐步显现，保护性耕作先后被写入国务院同意印发的多项规划、意见等政策文件。2003年，作为生态农业的一项技术，被写入《中国21世纪初可持续发展行动纲要》；2005年，作为沙化土地治理技术，被写入《关于进一步加强防沙治沙工作的决定》；2011年，作为高标准农田建设内容，被写入《国务院办公

厅关于开展 2011 年全国粮食稳定增产行动的意见》；2015年，作为耕地质量提升技术，雨养农业技术、黑土地保护技术、农业节水技术，被写入《全国农业可持续发展规划（2015—2030 年）》，作为增强粮食可持续生产能力技术，被写入《关于建立健全粮食安全省长责任制的若干意见》；2017 年，作为耕地资源保护技术，被写入《全国国土规划纲要（2016—2030 年）》，作为耕地休养生息技术，被写入《国务院关于加强耕地保护和改进占补平衡的意见》；由于在黑土地保护方面作用显著，2020 年，我国启动《东北黑土地保护性耕作行动计划》，2022 年保护性耕作被写入《中华人民共和国黑土地保护法》，要求因地制宜推广保护性耕作技术。

2020 年，习近平总书记在东北考察时要求："保护好黑土地，这是'耕地里的大熊猫'，这儿是'黄金玉米带'，也是'大豆之乡'，一定要采取一些措施，你们现在秸秆还田覆盖，探索的这种梨树模式，值得深入地总结，然后向更大的面积去推广。"截至 2023 年年底，东北黑土地保护性耕作面积超 9 000 万亩。

在这个阶段，适合不同类型区的技术模式与装备更加成熟，尤其是在东北黑土区，区域模式得到进一步细化，解决了东北冷凉和干旱条件下的秸秆腐解慢、保护性耕作春季地温提升慢、地表秸秆堵塞机具、混拌秸秆影响播种质量等难题；配套装备适应性、可靠性得到进一步提升；保护性耕作技术已 11 次被写入中央一号文件。

第三阶段的主要影响与贡献是：保护性耕作写入法律；从行业技术上升为国家行动。

二、我国保护性耕作发展成就

经过 30 多年的技术研究、示范推广，我国已研制成功保护性耕作所需的主要专用机具，实现有机可用；创建了适合北方不同类型区的技术模式，实现模式可选；示范推广成效显著，应用面积稳步增长，保护性耕作的"用、养双赢"成为共识；国际合作成效显著，国际影响力逐步扩大。相关成果 5 次获得国家科学技术进步奖二等奖；一项成果被美国第 30 届免耕年会和 *No Till Farmer* 评为全球免耕历史上 30 项里程碑式保护农业研究工作之一。

（一）研制成功保护性耕作专用机具，实现了有机可用

保护性耕作要求在地表有秸秆覆盖条件下免耕或少耕播种，所需的主要装备包括播种前的秸秆处理装备、少耕装备及免少耕播种装备，所有装备都要有较强的秸秆清理能力，以防止秸秆堵塞，而且要求动土量尽量小。目前我国有 200多家企业生产保护性耕作专用机具，国产保护性耕作机具市场占有率达 90％以上。

1. 播种前的秸秆处理装备

地表秸秆覆盖是保护性耕作防治风蚀水蚀、降低土壤水分蒸发、增加土壤有机质含量的重要手段，但是地表秸秆覆盖也给后续播种增加了较多困难，在有些地区需要在播种前对秸秆进行处理，以保证播种质量。根茬粉碎还田机就是利用旋转的除茬部件，切碎作物根茬同时碎土（不实行旋耕作业）的作业机具。

（1）秸秆粉碎还田机

根据《秸秆（根茬）粉碎还田机》（DG/T 016—2022）对相关术语的定义，秸秆粉碎还田机就是利用高速旋转的粉碎部件，在不实行任何土壤耕作的条件下，对田间作物秸秆进行直接粉碎并还田的作业机具，如图 2-1（a）所示。保护性耕作的秸秆粉碎是为了在秸秆覆盖地表条件下，保障后续少耕、播种作业质量，不需要将粉碎秸秆翻埋到地下，因而可根据气候条件、后续作业机具性能，选择适宜的秸秆粉碎长度；粉碎后的秸秆应抛撒均匀，并且没有明显的漏切长秸秆。2016 年，"机械化秸秆还田技术与装备"获得国家科学技术进步奖二等奖。

（2）秸秆归行机

秸秆归行机是为了满足后续带状耕作需求，将地表秸秆顺行条带状铺放的机具，如图 2-1（b）所示。秸秆归行作业后，地表将形成覆盖与无覆盖条带状间隔的状态，无覆盖的条带有利于地温提升，有覆盖的条带可以保土、减蒸发；后续带状耕作或者播种在无覆盖的条带进行，减少秸秆对播种质量的影响。这类机具主要用于北方一熟区玉米免耕播种前。

（3）玉米秸秆顺行归行砍切机

玉米收获后，顺着原有种植行将秸秆归行，利用上下往复运动的切刀将秸秆切成段状，切断后的秸秆原地覆盖地表，不需要均匀抛撒。秸秆顺行归行砍切机如图 2-1（c）所示。

（a）秸秆粉碎还田机

（b）秸秆归行机

（c）秸秆顺行归行砍切机

图 2-1　播种前的秸秆处理装备

2. 少耕作业机具

少耕是保护性耕作的主要技术之一，包括耙地、浅松、深松、带状耕作等。少耕作业机如图 2-2 所示。

（a）圆盘耙

（b）可调翼式深松机

（c）带状耕作机

图 2-2　少耕作业机

耙地是播种前的一种表土耕作，利用耙地部件在不翻土的情况下疏松、平整表土，清除杂草，并将秸秆与表土适度混拌，耙碎根茬，降低地表秸秆覆盖率。根据耙地核心部件结构形式，耙地机械主要包括圆盘耙、钉齿耙、弹齿耙等。

浅松也是播种前的一种表土耕作，作业时松土铲从表土下切过（一般 5～10 cm），松动、平整表土，并切断秸秆根茬和杂草根系，有利于降低表土容重、提升地温、提高播种质量。浅松机主要包括大、小箭铲式。

深松是指以打破犁底层为目的、通过拖拉机牵引深松机械、在不扰乱原有土层结构情况下松动下层土壤的一种机械化整地技术。深松不但可以加深耕层，还可以降低土壤容重，提高土壤通透性，从而增强土壤蓄水保墒和抗旱防涝能力，是改善耕地质量、提高农业综合生产能力、促进农业可持续发展的重要举措。深松深度一般应超过 30 cm，作业周期一般为 3 年左右。根据深松部件结构形式，深松机主要包括凿铲式深松机、翼铲式深松机、全方位深松机、偏柱式深松机。为了提高松土效果，部分深松机还增加了振动装置。2016 年，农业部发布《全国农机深松整地作业实施规划（2016—2020 年）》。

带状耕作是为了营造秸秆覆盖率低、平整、疏松的带状种床而进行的一种少耕作业。为了提高秸秆处理能力，一般采用驱动旋转部件将部分秸秆抛向两侧，在秸秆量较少的条带进行浅层耕作，营造良好种床，保障播种质量，少覆盖的疏松种床也有利于种床地温的提升。带状耕作可以单独作业，也可以和播种联合作业。

3. 免少耕播种机

免少耕播种机是保护性耕作的核心机具。作业时地表有一定量的秸秆与残茬覆盖，未经翻耕整地的土壤较硬、平整度低，要求免少耕播种机具有较强的秸秆防堵能力、开沟仿形性能。秸秆防堵能力是播种机能否顺利作业的核心，我国免少耕播种机的防堵机构可分为秸秆流动防堵、圆盘切茬防堵和动力驱动防堵等形式。

（1）秸秆流动防堵技术与免耕播种机（图 2-3）

秸秆长度、相邻土壤耕作部件和横梁之间形成的秸秆通道大小等是影响秸秆流动性和堵塞频次、强度的主要因素。秸秆长度可以在秸秆处理环节得到控制；通过优化播种机结构设计，扩大秸秆通道，可以提高秸秆通过性能，降低秸秆堵塞频次与强度。免耕播种机相邻开沟器之间的水平空隙，取决于同一排开沟器相邻两个部件之间的距离。在保持原有行距前提下，将开沟器单排梁变更为多排梁设计，可有效加大相邻开沟器间距离，前后梁之间的距离越大，相邻开沟器之间距离增加得越多。另外，抬高横梁高度也可以加大秸秆通道。通过优化排种系统可以解决多排梁或者高横梁结构带来的落种时间长、落种速度快等问题。基于这些技术，我国研制成功早期的轻简型免少耕播种机，主要适用于北方一熟区地表秸秆量相对较少的条件。

图 2-3 秸秆流动防堵免耕播种机

（2）圆盘切茬防堵技术与免耕播种机

圆盘切茬防堵技术就是利用不同形状的圆盘，将秸秆、根茬、杂草切断，并将秸秆推向两侧，圆盘一般不发生秸秆堵塞，紧随其后的开沟器等触土部件从切缝处通过，减少秸秆堵塞机具概率。利用这种秸秆防堵原理设计的免耕播种机（图 2-4）的触土部件大部分都采用圆形结构，以避免秸秆堵塞，这类机具主要用于一熟区。

图 2-4　圆盘切茬防堵免耕播种机

根据圆盘形状结构，可分为平面圆盘、缺口圆盘、波纹圆盘、凹面圆盘和涡轮圆盘等，这些圆盘可以单独使用，也可以组合、成对使用。平面圆盘的动土量较小，只在土壤表面切出一道窄缝；缺口圆盘具有较强的切土、碎土和切断残茬的能力，适用于黏重土壤；波纹圆盘（微型波纹圆盘）依靠重力和弹簧附加力产生的切、挤作用在作业区形成较宽的松土带，但所需的入土力较大，不适宜在黏重土壤条件下工作，波纹圆盘刀的槽数越多、波纹越小，开沟宽度越小；凹面圆盘类似于圆盘耙，与前进方向有一定的夹角，工作时，可利用圆盘的角度及滚动，将秸秆、根茬和表土抛离原位，实现破茬开沟。

（3）动力驱动防堵技术与免少耕播种机

为了破解北方两熟区秋季大量玉米秸秆覆盖地小麦免少耕播种国际难题，我国创新了免耕播种机动力驱动防堵技术，其工作原理是利用拖拉机的动力输出轴驱动防堵装置强制清理开沟器前方的秸秆，防止秸秆堵塞开沟器等触土部件。根据驱动防堵部件的结构与工作原理，可分为"驱动击秆"、"带状旋耕"、"驱动切秆"（图2-5）和"驱动拨秆"等结构形式。

"驱动击秆"防堵的工作原理是利用安装在开沟器前方（或两侧）高速旋转的粉碎刀击断、击碎开沟器上挂接的秸秆，并将秸秆击飞向开沟器侧后方，从而实现防堵。高速旋转部件不接触土壤，不对土壤产生扰动，对秸秆进行击打而不是粉碎。"带状旋耕"防堵的工作原理是在播种机开沟器前方安装旋耕刀，对播种行进行条带状浅耕，形成相对清洁、松软的带状种床，避免开沟器挂接、堵塞秸秆。"驱动切秆"防堵的工作原理与圆盘切茬防堵类似，只是对圆盘切

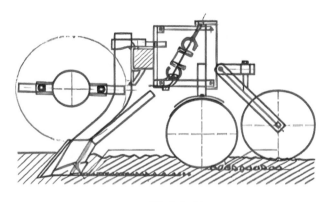

（a）驱动击秆

中国保护性耕作发展战略研究

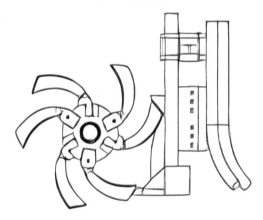

（b）带状旋耕

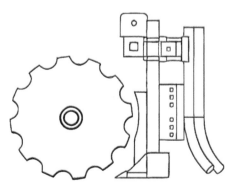

（c）驱动切秆

图 2-5 免耕播种机动力驱动防堵机构

刀施加额外动力，驱动圆盘高速旋转，实现较小正压力情况下高效切断秸秆，并将切断的秸秆推向播种行两侧，形成清洁播种带防止秸秆堵塞。"驱动拨秆"防堵的工作原理是利用高速旋转部件捡拾、粉碎秸秆，并将秸秆抛到播种机后方或侧面，在抛秸秆的同时完成免耕开沟、播种、覆土、镇压。

（二）创建保护性耕作区域技术模式，实现了模式可选

基于 30 多年的试验研究、示范推广，我国北方主要类型区的保护性耕作技术模式基本形成。这些模式不但在农艺方面满足秸秆覆盖和动土量要求，而且都可以实现机械化作业。

1. 东北黑土区

该区域主要包括黑龙江、吉林、辽宁 3 省和内蒙古东部 4 盟，土壤以黑土、草甸土、暗棕壤、栗钙土为主；年降雨量 300～800 mm，气候属温带半湿润和半干旱气候类型，气温低、无霜期短；种植制度为一年一熟，主要作物为玉米、大豆、水稻、杂粮，是我国重要的商品粮基地，机械化程度较高。该区域面临的主要问题是季节性干旱、耕层变浅、土地退化等趋势加剧。通过秸秆覆盖、免少耕，可以减少土壤无效蒸发、增加土壤水分入渗和蓄水保墒能力，增加土壤抗旱能力，同时可以改善土壤结构，提高土壤肥力。东北黑土区玉米免耕播种出苗情况如图 2-6 所示。

中国保护性耕作发展战略研究

图 2-6　东北黑土区玉米免耕播种出苗情况

东北黑土区实施保护性耕作的技术要求是：①在符合保护性耕作基本技术质量要求的前提下，尽量增加秸秆还田覆盖地表比例，增强土壤蓄水保墒能力，提高土壤有机质含量，培肥地力；②除了必要的深松外，不进行旋耕和犁耕整地作业，避免越冬农田裸露；③春播时采用免耕播种机一次性完成开沟、播种、施肥和镇压等复式作业，对于秸秆量大的地块，可采用秸秆集行、条带耕作等少耕方式处理地表秸秆，尽量减少土壤扰动，减轻风蚀水蚀，防治土壤退化；④采用高性能免耕播种机械进行播种，提高播种适应性和播种质量。

2. 北方农牧交错区

该区域主要包括河北坝上、内蒙古中部和山西雁北等地区，地势较高，海拔700～2 000 m，天然草场和土地资源丰富；土壤以栗钙土和灰褐土为主；气候冷凉，干旱多风，年均气温1～3 ℃，年均风速4.5～5.0 m/s，年降雨量250～450 mm；种植制度一年一熟，主要作物为小麦、玉米、大豆和谷子等。该区域的主要问题是冬春连旱，风沙大，土壤沙化和风蚀问题严重，生态环境非常脆弱，造成农田生产力低且不稳。每年春季在强劲的西北风侵蚀下，少有植被的旱作农田，土壤起沙扬尘而成为沙尘暴的重要尘源。

北方农牧交错区保护性耕作的主要技术要求包括：①增加地表粗糙度，减少裸露，减少或降低风蚀和水蚀，抑制起沙扬尘，遏制农田草地严重退化和沙化趋势；②覆盖免耕栽培，减少或降低农田水分蒸发，蓄水保墒，培肥地力，提高水分利用效率等。主要技术模式包括：①留茬秸秆覆盖免耕，冬季将作物秸秆及残茬覆盖地表，控制水土流失，增加土壤有机质；春季采用免耕方式施肥播种，减少动土量，保障春播时土壤墒情。②带状种植留茬覆盖，马铃薯与其他作物条带间隔种植，马铃薯按照常规种植方式，间隔种植的作物收获后，留高茬免耕越冬，留茬高度 20 cm 以上，采用免耕施肥播种机在秸秆或根茬覆盖地免耕播种。北方农牧交错区保护性耕作地表状况如图 2-7 所示。

图 2-7　北方农牧交错区保护性耕作地表

3. 西北黄土高原区

西北黄土高原区西起日月山，东至太行山，南靠秦岭，北抵阴山，主要涉及陕西、山西、甘肃、宁夏和青海等省（自治区）。该区域海拔 1 500～4 300 m，地形破碎，丘陵起伏，沟壑纵横；土壤以黄绵土和黑垆土为主；年降雨量 300～650 mm，气候属暖温带干旱半干旱类型；种植制度主要为一年一熟，主要作物为小麦、玉米和杂粮。该区域坡耕地比重大，是我国乃至世界水土流失最严重、生态环境最脆弱的地区，其中黄土高原沟壑区的侵蚀模数高达 4 000～

10 000 t/(km^2 · a）；降雨少且季节集中，干旱是农业生产的严重威胁。

西北黄土高原区保护性耕作的主要技术要求包括：①以增加土壤含水率和提高土壤肥力为主要目标的秸秆还田与少免耕技术；②以控制水土流失为主要目标的坡耕地沟垄蓄水保土耕作技术和坡耕地等高耕种技术；③以增强农田稳产性能为主要目标的农田覆盖抑蒸抗蚀耕作技术。主要技术模式包括秸秆覆盖免耕和秸秆覆盖少耕两种模式。其中，秸秆覆盖方式包括粉碎秸秆、留高茬＋粉碎秸秆，少耕包括耙地、浅松、深松和带状耕作等方式。免少耕播种后的秸秆覆盖率应大于 30％，以达到较好的保护效果。西北黄土高原区保护性耕作地表状况如图 2-8 所示。

图 2-8　西北黄土高原区保护性耕作地表

4. 西北绿洲农业区

西北绿洲农业区主要包括新疆和甘肃河西走廊、宁夏平原，地势平坦，土壤以灰钙土、灌淤土和盐土为主；海拔 700～1 100 m，气候干燥，年降雨量 50～250 mm，属中温干旱、半干旱气候区；光热资源和土地资源丰富，新疆、河西走廊地区依靠周围有雪山及冰雪融化的大量雪水资源补给，而宁夏灌区则依靠引黄灌溉；种植制度以一年一熟为主，是我国重要的粮、棉、油、糖和瓜果商品生产基地。该区域的主要问题是灌溉水消耗量大，地下水资源短缺，并容易造成土壤次生盐渍化；干旱、沙尘暴等灾害频繁，土地荒漠化趋重，制约农业生产的可持续发展。

该区域对保护性耕作的主要技术要求为：以维持和改善农业生态环境为主要目标，通过秸秆等地表覆盖及免耕、少耕技术应用，有效降低土壤蒸发强度，节约灌溉用水，增加植被和土壤覆盖度，控制农田水蚀和荒漠化。主要技术模式包括：①留茬覆盖少免耕模式，利用作物秸秆及残茬进行覆盖还田，采用免耕施肥播种或旋耕施肥播种，减少频繁耕作对土壤结构造成的破坏，控制土壤蒸发，增加土壤蓄水性能，并减轻农田土壤侵蚀。其技术要点是前茬作物收获时免耕留茬覆盖或秸秆粉碎还田，土壤封冻前灌水，休闲覆盖越冬；次年春季根据地表茬地情况进行免耕播种或带状旋耕播种，一次完成播种、施肥和镇压等作业；生长期根据需要进行病虫草害防治和灌溉。②沟垄覆盖免耕种植技术模式，利用作物残茬等覆盖，采用沟垄种植并结合沟灌技术，应用免耕施肥播种，有效减少耕作次数和动土量，在控制土壤蒸发同时减少灌溉水用量，并控制农田土壤侵蚀。其技术要点是冬季灌水，春季采用垄沟免耕播种机或采用垄作免耕播种机在垄上免耕施肥播种，苗期追肥、植保和灌溉，采用沟灌方式进行灌溉。西北绿洲农业区保护性耕作地块如图2-9所示。

图 2-9　西北绿洲农业区保护性耕作地块

5. 黄淮海两茬平作区

　　黄淮海两茬平作区主要包括淮河以北和燕山山脉以南的华北平原及陕西关中平原，涉及北京、天津、河北中南部、山东、河南、江苏北部、安徽北部及陕西关中平原等地区；气候属温带-暖温带半湿润偏旱区和半湿润区，年降雨量450～700 mm，灌溉条件相对较好；农业土壤类型多样，大部分土壤比较肥沃，水、气、光、热条件与农事需求基本同步，可满足两年三熟或一年两熟种植制度的要求；主要作物为小麦、玉米、大豆、花生和棉花等，是我国粮食主产区。该区域农业生产面临的主要问题是"小麦-玉米"两熟制的秸秆处理与利用问题，经常发生焚烧秸秆现象；化肥、灌溉、农药的机械作业投入多，造成生产成本持续加大；用地强度大，农田地力维持困难，季节性大气污染严重；灌溉用水多，水资源短缺，地下水超采严重。

　　该区域保护性耕作的主要技术要求包括：①农机农艺技术结合，有效解决小麦和玉米秸秆机械化全量还田的作物出苗及高产稳产问题；②改善土壤结构，提高土壤肥力，提高农田水分利用效率，节约灌溉用水；③利用机械化免耕技术，实现省工、省力、省时和节约费用等。主要技术模式包括：①秸秆覆盖玉米小麦双免耕播种模式，夏季小麦收获后玉米免耕播种，秋季玉米收获也采用免耕方式播种小麦，实现两季作物"双免耕播种"；②秸秆覆盖玉米免耕播种小麦少耕播种模式，夏季小麦收获后玉米免耕播种，秋季玉米收获后采用少耕方式播种小麦。不管采用哪种方式播种小麦，均要求播种后的秸秆覆盖率大于30%。黄淮海两茬平作区保护性耕作地表状况如图2-10所示。

图 2-10 黄淮海两茬平作区保护性耕作地表

（三）保护性耕作的应用效果显著，营造了良好的社会氛围

1. 保护性耕作防风蚀效果已成为社会共识

保护性耕作技术源自美国 20 世纪的沙尘暴防治，在防治农田扬尘方面的作用得到了国际广泛认同。针对 21 世纪初我国北方大范围严重沙尘暴的状况，中国农业大学等单位开展大量研究，证明农田是北方沙尘暴的主要尘源之一，保护性耕作能够有效减少农田风蚀，减轻沙尘暴危害。从 2003 年开始，北京市政府将保护性耕作作为控制大气污染的主要农业措施，并且在 2006 年和农业部联合启动"北京市全面实施保护性耕作"项目，以减轻农田扬尘。2005 年，《国务院关于进一步加强防沙治沙工作的决定》明确要求积极推行免耕留茬等保护性耕作措施；2013 年《全国防沙治沙规划（2011—2020 年）》要求在我国半干旱沙化土地类型区、南方湿润沙化土地类型区和黄淮海平原半湿润、湿润沙化土地类型区，通过加快保护性耕作发展，实现对土壤瘠薄、沙化及潜在沙化区域的保护和修复性治理；2018 年，国务院《打赢蓝天保卫战三年行动计划》要求推广保护性耕作、林间覆盖等方式，抑制季节性裸地农田扬尘。

2. 保护性耕作已成为农田节水、防止水土流失的主要技术

保护性耕作不翻耕土壤，而且地表有大量秸秆覆盖，可以有效减蒸发、增入渗、增保水、阻径流，是美国密西西比河、巴西伊泰普（Itaipu）水库等流域治理的主要农业技术。保护性耕作同样成为我国农田节水、防止水土流失的主要技

术，2012 年《国家农业节水纲要（2012—2020 年）》要求在干旱和易发生水土流失地区，加快推广保护性耕作技术，2021 年《黄河流域生态保护和高质量发展规划纲要》要求在黄淮海平原、汾渭平原、河套灌区等粮食主产区，积极推广优质粮食品种种植，大力建设高标准农田，实施保护性耕作。

3. 保护性耕作已成为耕地保护与利用的主要措施

由于保护性耕作具有明显的培肥地力、改善土壤结构的作用，2005 年国土资源部、农业部联合印发《关于进一步做好基本农田保护有关工作的意见》，文件要求大力推广应用配方施肥、保护性耕作、地力培肥、退化耕地修复等技术，提升基本农田地力等级；2015 年《求是》杂志发表《以改革创新为动力加快推进农业现代化》，文章要求推广深松整地、秸秆还田、保护性耕作等措施培肥地力，加快建设旱涝保收、高产稳产的高标准农田；2017 年中共中央、国务院印发《关于加强耕地保护和改进占补平衡的意见》，第十四条"统筹推进耕地休养生息"要求："因地制宜实行免耕少耕、深松浅翻、深施肥料、粮豆轮作套作的保护性耕作制度，提高土壤有机质含量，平衡土壤养分，实现用地与养地结合，多措并举保护提升耕地产能"；2020 年，农业农村部、财政部印发《东北黑土地保护性耕作行动计划（2020—2025 年）》；2022 年，保护性耕作被写入《中华人民共和国黑土地保护法》。

4. 保护性耕作已成为应对气候变化的一项主要农业技术

保护性耕作在秸秆覆盖地表情况下直接免耕播种，将秸秆变废为宝，转化为土壤有机质，可以避免秸秆田间焚烧，减少二氧化碳等温室气体排放。世界权威杂志 Science（《科学》）（2004 年 4 月 16 日，第 304 期）曾经发表的一篇论文"Managing Soil Carbon"，明确指出免耕可以有效减少土壤中碳的丢失，增加土壤肥力。2006 年，保护性耕作被写入《中国的环境保护》白皮书；2008 年开始，被写入每年面向全球发布的《中国应对气候变化的政策与行动》；2014 年，被写入《国家应对气候变化规划（2014—2020 年）》。

5. 保护性耕作已成为促进农业可持续发展的一项重要举措

保护性耕作不但具有上述显著的生态效益，而且可以显著降低生产成本，并且保证粮食高产甚至增产，是一项"用地与养地"结合、"生态与生产"并重、"近期与远期效益"兼顾的可持续农业技术。2003 年，被写入《中国 21 世纪初可持续发展行动纲要》；2006 年，被写入《国家中长期科学和技术发展规划纲要（2006—2020 年）》；2011 年，被写入《国务院办公厅关于开展全国粮食稳产增产行动的意见》；2015 年，被写入《全国农业可持续发展规划（2015—2030年）》《关于建立健全粮食安全省长责任制的若干意见》；2016 年，被写入《全国农业现代化规划（2016—2020 年）》；中央一号文件 11 次要求发展保护性耕作。

（四）构建保护性耕作国际交流平台，实现国内外技术双向交流

1. 与联合国粮食及农业组织的合作

2003 年，联合国粮食及农业组织（FAO）组织专家对我国保护性耕作实施情况进行调研，2004年以解决秸秆焚烧为目标，在江苏省实施保护性耕作项目；2009年，通过援助项目，将我国保护性耕作技术与机具推广到朝鲜，并多次组织朝鲜农业管理、科研与企业代表来我国参观学习保护性耕作技术与机具生产企业；与我国农业部以及相关科研院所多次组织学术研讨会，2012年参与组织中国保护性耕作20年国际研讨会；官网推介我国保护性耕作研究成果与机具；将我国《保护性耕作技术》科普书翻译成多种语言，在全球宣传保护性耕作技术；2023年，与我国有关科研单位合作，出版专著《中国保护性耕作创新、投资挑战和机遇》，介绍中国保护性耕作30年取得的技术成果与经验，入选2023年联合国粮食及农业组织发布的"中国农业绿色增长"系列图书。

2. 与联合国亚太农机中心的合作

联合国可持续农业机械化中心是联合国亚洲及太平洋经济社会委员会（简称亚太经社会，ESCAP）的区域机构，从2007年开始，通过项目合作、共同主办国际会议等方式推动我国与亚洲国家保护性耕作的合作。通过举办学术会议、田间参观和现场会等方式，将中国保护性耕作机具推广到柬埔寨、老挝等亚洲国家；2018年在中国开展"亚太区域秸秆综合利用试点项目"，在青岛莱西建成保护性耕作与秸秆绿色循环利用示范基地，保护性耕作是最主要的技术内容，项目获2022年联合国亚太经社会第二届"创新奖"，2022年被联合国南南合作办公室选为促进可持续发展南南合作和三方合作"全球最佳实践案例"。

3. 与世界银行的合作

保护性耕作是世界银行农业可持续发展相关项目的重点内容之一。2014年，世界银行在广东实施农业面源污染治理贷款项目，开展了水稻直播、玉米保护性耕作技术试验及配套装备的研制，将我国保护性耕作技术从北方旱作区扩展到了南方多熟区和水田区。世界银行学院还多次组织发展中国家来华参观、学习保护性耕作技术，并与农业部保护性耕作研究中心合作，以中国保护性耕作经验为主要内容，出版了保护性耕作培训教材（英文），并翻译成法语、西班牙语和斯瓦希里语（非洲）等语言。

（五）积累了较丰富的保护性耕作推广应用经验

保护性耕作在我国实施30多年来，农业与农机部门不断总结工作经验，制定了一系列促进保护性耕作项目管理的科学化、规范化和制度化建设措施，在建章立制、试验示范和优质机具保障方面积累了丰富的管理经验，为保护性耕作的长期稳定实施奠定了良好的基础。

1. 示范引领

农民是保护性耕作的实施者，其对新技术的认可程度决定了该技术的推广速度。农民对新事物的认可程度受多重因素影响，规模化种植大户的试验示范带头作用，是提高农民对新技术直观认识的重要方式。我国重视试验示范的带动作用，联合政府、科研单位、企业、农民和社会团体等各方力量，通过建设县级、乡级等多级高标准示范田，构建区域适宜的保护性耕作模式，培养规模化种植大户。加强宣传培训，组织编发了《保护性耕作技术》科普图书、知识问答、机具参考目录、宣传片和宣传画册等培训材料。通过现场会、培训会等多种方式对农机、农艺等各项技术措施进行演示，对操作规程进行培训，带动周边农户积极采用该项技术，并向更大范围辐射推广。20世纪末，山西省率先在多个县开展保护性耕作示范，引领山西省保护性耕作发展到100多万亩。

2. 技术与装备保障

保护性耕作顺利实施的两大重要前提和基础是适宜的技术模式与配套的机具，我国高度重视保护性耕作技术模式的构建与机具的研发。构建了西北黄土高原一熟区、黄淮海两熟区、东北黑土区等保护性耕作技术模式，每种模式均有良好的保水保土保肥、节本增产高效等效果。研发了多种与技术模式配套的保护性耕作机具装备，创制了全面浅松、带状少耕和可调翼深松等不同强度的多维深松机具；针对秸秆堵塞机具和影响播种质量等问题，研发了秸秆还田机、轻简型免耕播种机和带状免耕播种机等一系列免耕播种机，适应不同秸秆覆盖条件下的免少耕播种。这些机具为促进保护性耕作长期稳定发展提供了保障，目前我国已有200多个企业生产不同类型的保护性耕作机具。

3. 政策推动

我国政府高度重视保护性耕作发展，中央一号文件共11次明确提出实施保护性耕作；2002年，农业部启动保护性耕作示范工程，仅用10年时间，保护性耕作应用面积增加50多倍；2009年农业部、国家发展和改革委员会印发《保护性耕作工程建设规划（2009—2015年）》，强化了600个县的保护性耕作发展能力建设；2020年，国务院印发《东北黑土地保护性耕作行动计划》；2022年，颁布《中华人民共和国黑土地保护法》。配合这些政策的实施，制定了《保护性耕作技术实施要点（试行）》《保护性耕作项目实施规范（试行）》《保护性耕作实施效果监测规程（试行）》《保护性耕作项目检查考评办法（试行）》和《东北黑土地保护性耕作行动计划实施指导意见》等技术文件和管理规范，以及保护性耕作主要类型机具质量、作业质量等技术标准。加强项目执行情况的监督检查，同时建立专家顾问组，进行巡回技术指导。积极探索运行机制创新，努力建立政府推动，农民参与，以农机专业组织和农机大户为主体，基层农机推广机构及维修、信息咨询等服务组织为支撑的保护性耕作综合服务体系，不断完善市场化服务机制，促进保护性耕作良性发展。

三、我国保护性耕作发展存在的问题

尽管我国30年保护性耕作发展成效显著，但是仍然存在一些问题，导致保护性耕作发展速度慢，应用范围不够广，没有充分发挥出节水抗旱、减少风蚀、减轻水土流失、减少灌溉用水和丰产增收的规模效益。

（一）配套政策集聚效应弱，影响了保护性耕作可持续发展

2002年开始，农业部在北方18个省（自治区、直辖市）示范推广保护性耕作，累积示范推广面积超过1亿亩。但是

每年项目总经费仅有 3 000 万元，需要完成农民培训、技术示范与推广等任务。由于项目执行期不超过 3 年，造成项目结束时部分农民还没有完全接受这项技术，又重新返回传统耕作，导致保护性耕作应用面积增长慢、区域发展不平衡。另外，不同部门围绕农田耕地保护、地力提升等制定了多项政策，但存在相关认定标准和管理标准不一致，职责交叉、边界不清晰等问题，导致政策互补性不强，甚至在执行过程中存在理解偏差。例如，对于秸秆离田或还田、秸秆覆盖或翻埋，在不同政策之间存在不同的要求，影响了基层干部、推广人员、农民对保护性耕作的认知和接受程度。

（二）科技投入不足，技术与装备创新能力有待加强

截至目前，保护性耕作方面有农业农村部保护性耕作研究中心 1 个、重点实验室 1 个，农业农村部、教育部保护性耕作技术与装备创新团队各 1 个，以及少部分省级研究平台。缺乏国家和省部级创新平台，难以汇聚技术创新力量，限制了保护性耕作理论研究、技术创新与装备研发。从 2002 年开始，我国先后启动了保护性耕作示范工程、保护性耕作工程建设规划和东北黑土地保护性耕作行动计划，但是这些项目主要用于示范推广，缺乏与之配套的重大科研项目支持。正是由于创新平台和重大项目的缺乏，不同类型区的技术模式适应性检验不足，没有结合不同区域的特定条件进行优化定型，导致保土、稳产增产等效果差异较大；而且装备研发主要集中于免少耕播种机、深松机和秸秆还田机，对表土作业机、除草机、秸秆覆盖下的植保机等研究较少，装备智能化、信息化水平相对较低。

（三）传统耕作观念转变难，社会认知度有待进一步提高

由于保护性耕作直观上的"懒汉种田"与传统耕作的精耕细作差异较大，在缺乏足够的长期定位试验、连续的技术示范、科学的技术培训、有效的宣传情况下，虽然大部分农民与涉农工作者接受保护性耕作的"保护"效果，但是也会先入为主地认为保护性耕作减产、杂草多、病虫害严重，从观念上抵触试验、应用这项技术。需要政府主导，政策支持，做给农民"看"、教会农民"干"、引导农民"算"，逐步提高社会认知度，这是一个漫长的过程。

由于传统观念转变慢且难，在农民自觉接受这项技术之前，有政策支持的区域保护性耕作发展快，无政策支持的区域发展慢。整体上北方大部分省（自治区、直辖市）都已开展保护性耕作示范推广工作，应用面积超过1亿亩，2020年实施的东北黑土地保护性耕作行动计划，带动了整个东北地区保护性耕作每年增长数千万亩；长江以南的水田区尚处于探索阶段，实施面积较小。

第三章　国外保护性耕作发展与经验

根据联合国粮食及农业组织（FAO）的有关资料，目前保护性耕作已在全球 100 多个国家推广应用，部分国家的保护性耕作应用范围已经超过 70％。

一、北美洲

为了解决 20 世纪 30 年代的耕地"黑风暴"难题，美国开始研究免耕技术，后来发展成为保护性耕作技术。在技术、装备、法律和政策等支持下，美国保护性耕作应用面积已经达到 70％左右；技术还被推广到北美洲的加拿大、墨西哥等国家，这些国家的保护性耕作应用比例也超过了 50％。

（一）保护性耕作的起源

20 世纪 30 年代，美国发生大范围"黑风暴"。19 世纪末，随着加利福尼亚发现金矿，美国拉开了西部大开发的序幕，鼓励移民大面积开荒种地，大量饲养牲畜。拖拉机翻耕把数千万公顷干旱半干旱草原变成了粮田，翻耕后多次耙压碎土、裸露休闲，获得了几十年不错的收成。但到了 20 世纪 30 年代，持续干旱加大风，裸露疏松的农田难以抵挡大风的袭击，几千年才形成的十几厘米厚的沃土，瞬间被吹得无影无踪，成千上万吨表土被刮走，沙尘遮天蔽日，形成了震惊世界的"黑风暴"。

"黑风暴"的来源大讨论　"黑风暴"促使美国讨论形成这种灾难的原因，其中的一个主要观点是农田扬尘是"黑风暴"的主要尘源。1936 年，美国拍摄的"黑风暴"纪录片 *The Plow That Broke the Plains*（《犁耕毁坏了大平原》），明确指出土壤翻耕是破坏大平原的主要原因。1943 年，美国出版 *Plowman's Folly*（《犁耕者的愚蠢》），作者 Edward H. Faulkner 指出"在人类历史上，用犁耕地仅仅需要很短的时间就可以对土壤造成破坏"，他认为作物秸秆不应该被埋到地下，而应该留在地表以防止土壤风蚀水蚀。这本书在短短 6 个月的时间就印刷 5 次，在 2020 年美国第 30 届免耕大会上，这本书被评为美国历史上最重要的免耕论文与专著之一。

免耕与保护性耕作技术的形成　1937 年，C. O. Reed，L. D. Bayer 和 C. J. Willard 在俄亥俄州组织实施了一个具有里程碑意义的研究课题，持续 14 年对比了包括秸秆覆盖、少耕等 6 种不同的耕作方式。1960 年，弗吉尼亚州试验表明，免耕玉米地的产量比传统耕作高或者持平。1961 年，肯塔基州的 Harry Young 开始在自己的农场试验玉米免耕技术，他是最早开始规模化使用免耕技术的农场主，面积达到 607 hm²。1962 年，D. M. Vandoren 和 G. B. Triplett 在俄亥俄州建立长期免耕试验地，一直延续到现在，积累了大量的试验数据。1973 年，*No-till Farming*（《免耕农作》）出版。20 世纪 80 年代，在免耕基础上，提出了保护性耕作概念。

（二）美国保护性耕作概念

在 1987 年的《美国农业年鉴》中，对保护性耕作的定义为"任何一种能够保证播种后地表秸秆覆盖率大于 30％的耕作技术都是保护性耕作"，具体包括多种形式的保护性耕作技术（图 3-1）。

免耕（no-till），播种前不对土壤进行任何扰动和破坏，在保证播种质量和产量前提下，播种时只对土壤进行最小的开沟扰动。

非连续免耕（rotational no-till），免耕与其他耕作技术轮换的耕作系统。

带状耕作（strip-till），播种前保持土壤免耕，播种时在播种行对土壤进行浅耕，形成清洁松软的种床。

垂直耕作（vertical tillage），类似于深松技术，在有秸秆覆盖条件下对土壤进行松动，松土深度在 30～35 cm，松

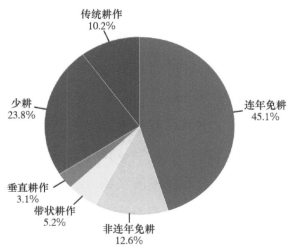

图 3-1 美国不同耕作技术占比

（来源：美国 2022—2023 National Cover Crop Survey Report，
传统耕作占比为 10.2％）

土沟窄而且动土量极少。

少耕（reduced tillage），播种后地表秸秆覆盖率达到15%～30%的耕作技术。部分国家认为不属于保护性耕作。

（三）美国保护性耕作发展

1. 成熟的配套机具使得保护性耕作大范围应用成为可能

由于保护性耕作要求秸秆覆盖且不翻耕土壤，造成作业环境相对复杂，对播种、除草等环节的作业要求高。美国是在免耕播种机商业化生产后，保护性耕作才得到快速发展。1946年，普渡大学的农业工程师 Russel Poyner 和农学家 George Scarseth 联合研究了免耕播种机，并进行了田间试验。1955年，国际联合收获机公司（IHC）在印第安纳州 Richmond 工厂以普渡大学的免耕播种机为原型，小批量生产了50台"IHC M-21免耕播种机"。1966年，Allis Chalmers（AC）的 Frank Krumholz 公司获得波形切刀专利，这种部件后来被大量应用于不同形式的免耕播种机，只需要在土壤上开出一个窄沟，种子播在沟内。采用这项专利生产的 AC 600 系列播种机是第一种用于免耕和秸秆覆盖地的商业化播种机。

2. 法律与政策是美国保护性耕作快速发展的推动力

1935年，美国为了应对黑风暴危害，加强土壤保护，罗斯福总统签署发布了《土壤保护法案》，要求农场主尽可能采用一切措施保护土壤。这一法律的制定，推动了后来的免耕技术诞生。基于这一法律，美国还成立了土壤保护局。1985年，美国出台《食品安全法案》，要求在易受侵蚀的农田，如果不采用合适的措施保护土壤，将失去政府给予农业的任何形式的贷款、补贴、保险和救灾支持。这部法律将土壤保护措施与农民获得政府的各种资助联系起来，加快了保护性耕作发展，并且取消了在高度易受侵蚀的土地上生产作物的激励措施。1965年美国只有2.3％的耕地实行保护性耕作，《食品安全法案》出台后保护性耕作应用比例快速增长，2004年保护性耕作应用比例超过60％。截至2020年，美国保护性耕作面积达到了73％（图3-2）。美国主要通过两项政策措施支持农民开展保护性耕作技术：①为购买保护性耕作机具的农场主提供一次性补助、提供低息贷款和减少农业保险投资额，在降低保护性耕作机具投入成本的同时提供资金保障；②政府拨出专项经费支持保护性耕作技术的长期研究与配套机具研发。通过这些政策支持，在保障农民抵抗农业风险能力的同时提高了农民实施保护性耕作技术的积极性。

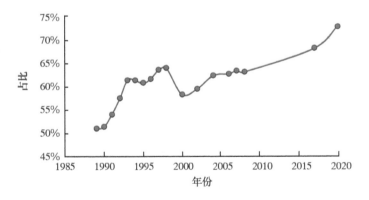

图3-2 美国保护性耕作面积占比

二、南美洲

南美洲保护性耕作主要是为了解决土壤侵蚀和有机质下

降的问题，巴西、阿根廷和乌拉圭等国家保护性耕作发展基本类似，应用面积比例都超过了70%。

（一）巴西保护性耕作的发展历程

巴西地处亚热带地区，是最重要的农业生产国之一，也是重视热带环境保护技术的先驱国家。由于传统耕作土壤裸露，长期暴露在高强度的湿热环境下，土壤侵蚀严重，土壤肥力持续下降。巴西曾尝试用梯田和等高种植等多种控制大规模土壤侵蚀的方法，但仍无法解决种植季节侵蚀性降雨导致的土壤流失问题。据统计，每年的土壤损失为8.33亿吨，根据对化肥、石灰石和有机肥料的额外需求，每年的农场侵蚀成本估计超过26亿美元。土壤退化问题严重制约了作物产量的提高。

20世纪70年代，巴西在南美洲率先开始免耕试验，70年代末开始推广，90年代初开始应用面积快速增长，目前应用面积比例超过80%。发展历程如下：

1971年，巴西南帕拉纳州（Parana）农业部和Rio Grande do Sul State科研基金会开始研究免耕技术。1972年，农场主Herbert Bartz从美国引进了免耕播种机具，开始小麦、大豆免耕试验，建立了南美洲第一个机械化免耕农场。1977年，巴西举办了第一届免耕技术研讨会。20世纪90年代初，巴西保护性耕作进入快速发展期。1992年，巴西作物秸秆覆盖免耕联盟（FEBRAPDP）成立。2002年，巴西免耕面积超过1 700万 hm²（图3-3）。2022年，巴西免耕面积超过3 300万 hm²。

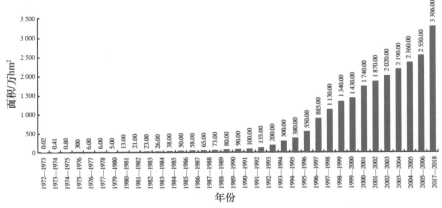

图 3-3　巴西保护性耕作发展趋势

（二）巴西保护性耕作的发展动力

巴西开展保护性耕作的最初 20 年发展缓慢，后来随着技术与装备的成熟，农场主的认识逐步提高，保护性耕作应用面积快速增长。

1. 土壤侵蚀严重，"保土"需求强烈

巴西地处亚热带地区，由于自然环境条件的约束和农场主侵蚀阻控意识的缺乏，多年传统耕作方法导致严重的土壤流失，甚至整片土地的作物被冲毁，急需能够保护土壤的耕作方法。

2. 完善的技术与装备，是快速发展的保障

1972 年，农场主 Herbert Bartz 引进美国免耕播种机并试验成功，但由于整体技术体系不成熟，也不具备机具批量生产能力，在最初的 20 多年时间，巴西免耕发展较为缓慢。随着试验的逐步深入，技术逐步完善，农机公司参与机具研发、改进并商业化生产，巴西保护性耕作才进入快速发展期。

中国保护性耕作发展战略研究

3. 农场主接受程度高，是快速发展的内在动力

巴西的保护性耕作从一个农场主的试验开始，其试验结果与经验更容易被其他农场主接受；随着参与保护性耕作的农场主逐步增多，全国成立了不同类型的保护性耕作农场主组织，每年一届的全国免耕研讨会都吸引了大批农场主自费参加。改变土壤侵蚀严重、生产成本高、效益低的现状是巴西农场主接受保护性耕作的最强内在动力。

4. 政策、资金支持，是保护性耕作发展的外在动力

1973年，巴西银行向购买或改造免耕播种机的农场主提供补贴贷款；1980年，在世界银行的支持下，巴西南部实施了若干关于土壤综合管理与保护的项目；1993年，巴西银行将免耕纳入补贴贷款范畴；1995年，政府开展农业融资，降低免耕作业的利率和保险费用。这些政策的实施，从资金上为农场主发展保护性耕作提供了外在动力。

三、欧洲

欧洲农业生产自然条件优越，大部分国家降雨充沛。传统耕作的持续翻耕破坏土壤结构，导致欧洲土壤的有机质含量降低了50%，生物多样性降低，水土流失增加，土壤侵蚀加剧。传统耕作大量使用化肥和杀虫除草剂，造成地表水污染，政府每年需要投入大量的资金用于治理地表水污染。传统的高投入农业生产模式，作业环节多，生产成本高；机器进地作业次数多，造成严重的土壤压实，导

致欧洲 3 300 万 hm² 土地退化。农业机械的大面积使用，也加剧了温室气体的排放。这些问题严重影响了欧洲农业的可持续发展。

为了提升土壤微生物多样性、防止土壤侵蚀、避免土壤污染和压实，20 世纪 70 年代初，西班牙、英国、瑞士等国家开始进行保护性耕作试验，到 70 年代末，英国冬季谷物生产已有 10% 左右采用免耕或者少耕技术。德国、法国、瑞士等国家从 20 世纪 80 年代开始推广应用保护性耕作，俄罗斯、乌克兰等国家从 20 世纪 90 年代开始推广保护性耕作。欧洲保护性耕作的主要形式是少耕，收获后秸秆覆盖，在播种前几天进行适当的表土作业，不进行翻土作业，使用化学药剂和秸秆覆盖除草，减小对环境的危害。

1999 年，欧盟颁布的农业法（EU Agrarian Law）鼓励采用保护性耕作，同年，欧洲成立了保护性农业联盟（ECAF），并在比利时、丹麦、芬兰、法国、德国、希腊、匈牙利、爱尔兰、意大利、葡萄牙、俄罗斯、斯洛伐克、西班牙、瑞士和英国共 15 个国家设立分支机构。2002 年欧洲的共同农业政策（Common Agricultural Policy）要求推广保护性耕作。西班牙、意大利、德国、瑞士、葡萄牙等国家为推广保护性耕作制定了相关补贴政策。2015 年巴黎气候变化大会前，法国提出年均增加土壤有机质 4‰ 计划，保护性耕作是主要内容之一。欧洲保护性耕作发展趋势见图 3-4。

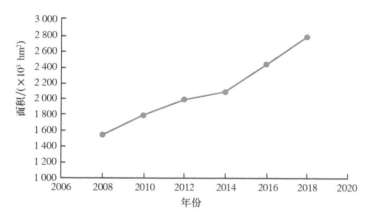

图 3-4 欧洲保护性耕作发展趋势
（来源：ECAF 官网）

四、大洋洲

大洋洲的保护性耕作主要在澳大利亚。目前澳大利亚保护性耕作应用面积超过 60%，其中西澳大利亚州的应用面积超过 85%。

（一）澳大利亚保护性耕作的发展历程

澳大利亚地处南半球，干旱面积占澳大利亚大陆的 80% 左右，是典型的旱农国家。年蒸发量约为 1 500 mm，远远超过年降雨量，加上各季节降雨量分配不均，水分供需矛盾更加突出。由于长期翻耕作业，严重的水土流失导致土层逐渐变薄，澳大利亚专家认为，如果不采取保护措施，100 年后整个澳大利亚耕地面积将减少 50%。

20 世纪 70 年代初，澳大利亚政府在全国各地建立了大批保护性耕作试验站，吸收农学、水土和农机专家参加试验研究工作，取得了显著成果。从 20 世纪 80 年代开始大规模示范推广秸秆覆盖、少耕和免耕等保护性耕作技术模式，全面取消了铧式犁翻耕的作业方式。20世纪末，主要农业区基本实现保护性耕作。2003年，新南威尔士州保护性耕作应用面积为24％，南澳大利亚州为42％，西澳大利亚州为86％。2008年，澳大利亚保护性耕作面积为1 200万hm^2。其中，南澳大利亚州为70％，西澳大利亚州为88％。保护性耕作应用面积占比最高地区达90％。截至2019年，澳大利亚保护性耕作面积达到2 292.7万hm^2。

（二）澳大利亚保护性耕作的发展动力

1．先进的技术与装备

澳大利亚农场的经营规模一般在3万亩左右，每个农场拥有2～3个劳动力，要求采用先进高效的农业装备。经过多年的研制和改进，澳大利亚自主生产与进口的大型保护性耕作机具逐步成熟，保障了澳大利亚保护性耕作的快速发展。

2．农机与农艺和农机与信息化技术融合

澳大利亚保护性耕作研究初期，就汇集了农机、种子、土肥、植保和推广等领域的专家共同参与，技术成熟的同时，装备逐渐成熟，推广模式也逐渐形成，因而技术推广快。由于农场规模大，澳大利亚研究成功固定道保护性耕作技术，拖拉机和农业机械的轮胎永远行驶在固定的田间道上，其他地方不发生轮胎压实，进一步保护了土壤。随着GPS等信息化技术的应用，固定道保护性耕作技术与装备逐步成熟，并且推广到30％的农场。

3. 政府及职能部门重视

联邦政府注重发挥州政府及科研单位、企业、农民和社会团体等各方力量，通过建设示范农场和召开现场会等方式对农机、农艺各项技术措施进行演示，对操作规程进行培训。采用研究者、推广者和农户交互式的推广方式，有效实现了信息反馈，有利于技术改进和提高农民采用技术的积极性。

五、非洲

（一）非洲保护性耕作的发展历程

20 世纪 60 年代后期，非洲的加纳开始对作物免耕栽培相关技术进行研究；1970 年，国际热带农业研究所在阿尔及利亚等开展了免耕栽培定位试验研究；20 世纪 80 年代中期，在美国国际开发署资助科学家的培训中，摩洛哥青年开始思考半干旱地区保护性耕作与传统耕作的优缺点，并开展相关研究；20 世纪 90 年代，保护性耕作的相关研究结果提高了南非、赞比亚、津巴布韦、莫桑比克、坦桑尼亚和肯尼亚等非洲国家对保护性耕作的认识。在各种国际组织的资助下，安哥拉、贝宁、加纳、苏丹、科特迪瓦、肯尼亚、莫桑比克、尼日利亚、南非、阿尔及利亚、坦桑尼亚、赞比亚和津巴布韦等国家和地区先后开展了保护性耕作技术的研究。

在国际玉米与小麦研究中心、国际干旱地区农业研究中心、国际半干旱地区热带作物研究中心、联合国粮食及农业组织和非政府机构等相关组织机构的支持下，非洲保护性耕作得到较快发展，目前，已有 20 多个非洲国家推广保护性耕作技术，虽然应用面积较小，但是增长趋势明显（表 3-1）。

表 3-1 非洲保护性耕作应用面积

国家	保护性耕作面积/（10^3 hm^2）		
	2008—2009 年	2013—2014 年	2015—2016 年
南非	368.00	368.00	439.00
赞比亚	40.00	200.00	316.00
肯尼亚	33.10	33.10	33.10
津巴布韦	15.00	90.00	100.00
苏丹	10.00	10.00	10.00
莫桑比克	9.00	152.00	289.00
突尼斯	6.00	8.00	12.00
摩洛哥	4.00	4.00	10.50
莱索托	0.13	2.00	2.00
马拉维	—	65.00	211.00
加纳	—	30.00	30.00
坦桑尼亚	—	25.00	32.60
马达加斯加	—	6.00	9.00
纳米比亚	—	0.34	0.34
乌干达	—	—	7.80
阿尔及利亚	—	—	5.60
共计	485.23	1 235.34	1 509.24
增速		比 2008—2009 年增长 154.6%	比 2008—2009 年增长 211.0%；比 2013—2014 年增长 22.2%

（二）非洲保护性耕作效益

1. 改善土壤结构，增加土壤有机质

非洲的大量试验表明，免耕播种与秸秆地表覆盖技术相

结合，能够减少土壤破坏性扰动，增加表层有机质含量，提高土壤团聚体的稳定性、减少土壤压实。在摩洛哥半干旱地区，作物秸秆覆盖增加了土壤团聚体的稳定性，与圆盘耙和铧式犁翻耕相比，免耕能够降低 0～40 cm 土壤压实。在突尼斯半干旱区域，3～7 年连续应用保护性耕作显著增加土壤有机碳含量和改善土壤结构，并且增加蚯蚓等无脊椎动物含量，丰富生物多样性。

2. 固碳减排

非洲连续应用保护性耕作 11 年，0～20 cm 土层有机碳含量增加 13.6%，相当于平均每公顷土壤每年固碳量为 1 000 kg，采用秸秆永久覆盖，每年每公顷土壤的固碳量可达 1 800 kg。在摩洛哥半干旱地区，研究发现重黏土条件下土壤固碳能力最强，效果更好。

3. 增加作物产量

非洲的大多数案例显示，长期采用保护性耕作的免耕增产效果显著，但是第一年应用免耕技术可能出现产量下降的情况。摩洛哥半干旱地区 4 种不同耕作对比表明，免耕与深松对作物产量影响无差异，但都优于旋耕、翻耕等传统耕作。在摩洛哥中部，降雨季节（降雨量约 200 mm）免耕播种小麦产量比传统耕作高 4 倍之多；干旱季节，免耕比传统耕作增产 1 000 kg/hm²。

4. 减轻土壤侵蚀

非洲的研究表明，保护性耕作通过优化土壤孔隙结构，提高了土壤入渗率；地表秸秆覆盖减少了降雨对地表土壤的破坏作用。摩洛哥小麦保护性耕作试验表明，与传统耕作相比，地表秸秆覆盖率为 50％时，保护性耕作能够有效减少 50％的土壤径流和水蚀。在坡耕地，1 个月内降雨量 48 mm，保护性耕作和传统耕作的坡地土壤流失量分别为 10 000 kg/hm² 和 16 000 kg/hm²。

5. 提高肥料利用效率

非洲的研究表明，与传统耕作相比，连续 4 年保护性耕作应用显著增加了 0～2.5 cm 土层全氮含量。保护性耕作和传统耕作的肥料利用效率间的差异主要体现在播种区域，连续 11 年应用保护性耕作，0～7 cm 土层中含有大量的总氮及可利用的磷元素和钾元素。在半干旱地区，小麦和小麦-牧草-小麦连续轮作中总氮水平较高，轮作中引入豆科物种可以大大减少对氮肥的需求。

6. 增加生物多样性

保护性耕作有助于增加土壤生物多样性，轮作技术增加了种植系统的生物多样性，减少了病虫害的积累。在阿尔及利亚实施保护性耕作 3 年后，杂草多样性发生了巨大变化，其中阔叶杂草和禾本科杂草占主导地位。

（三）政府支持和政策引导

在国际基金或双边合作项目支持下，非洲开展了较多有关虫害和杂草管理、繁殖、秸秆残留管理、轮作和水土保持的相关研究。摩洛哥和突尼斯等国家开始对免耕播种机等保护性耕作机具进行补贴，并对农机制造商进行补贴，以激励企业开发适合本地条件的低成本免耕播种机，促进保护性耕作在非洲的推广应用。

六、亚洲

整体来说，亚洲保护性耕作起步晚、发展慢，其中印度、巴基斯坦、柬埔寨和老挝等国发展相对较好。2013 年，联合国粮食及农业组织亚洲办事处和我国农业部保护性耕作研究中心发起成立了亚太保护性农业联盟，为亚洲国家开展保护性耕作合作交流搭建了平台；南亚和东南亚国家分别成立了南亚保护性农业协作网（SACAN）和东南亚保护性农业协作网（CANSEA）。除了我国之外，印度是亚洲保护性耕作发展较好的国家。

印度河-恒河平原灌溉农业发达，土壤肥沃，是该地区几个国家的粮食主产区。那里盛产小麦和水稻，还种植豆类（包括大豆、绿豆等）、棉花、黄麻、甘蔗和蔬菜等农作物。主要耕作制度是小麦-水稻轮作，一年两熟。水土流失、土壤有机质下降、秸秆焚烧、地下水位下降等问题严重，迫切需要一种能够有效利用自然资源、增加产量的农业生产方式。

印度在 20 世纪 80 年代引入免耕作业法，开展保护性耕作的研究，以期通过保护性耕作技术的使用，有效地利用自然资源，增加农业产量，但是发展相当缓慢。缺乏相适应的配套机具是限制该地区保护性耕作技术发展的主要因素。该地区保护性耕作机具主要依靠进口，由于农户规模小，无法购买昂贵的机具，从而限制了保护性耕作技术的推广应用。

在政府的推动下，农业技术人员和企业合作，逐步开发保护性耕作技术机具，从而促进了保护性耕作技术在该地区的发展。到 2003 年，该地区有 68 家农机生产企业，生产播种机达 2 万台，有效推动了保护性耕作技术的发展。

印度的研究表明，恒河平原的保护性耕作能够减少灌溉用水，降低小麦涝害的发生，不需要频繁使用抽水泵，保护了水资源；田间益虫种群数量增加；地表秸秆覆盖，减少了水土流失，提高了土壤有机质，同时减少了秸秆焚烧造成的空气污染；减少作业次数，降低油料消耗；可在最佳作业期播种，保证了作物的产量，提高了经济效益。在平原西北部，免耕使作物产量每公顷增加 200 kg，在东部更加明显，每公顷增产达到 1 000 kg。免耕的经济效益明显优于传统耕作，每公顷经济效益比传统耕作增加 216～240 美元。

七、国外保护性耕作发展经验

对美洲、亚洲、非洲等不同国家和区域保护性耕作发展的分析可以看出，保护性耕作快速稳定发展有一些共同的因素，如技术模式与机具的不断完善、法律和政策的支持等。对这些因素进行剖析，可为我国保护性耕作发展提供参考。

1. 技术与装备先行

秸秆覆盖与免耕是保护性耕作的核心内容，由于其地表环境相对复杂，对播种和除草等环节的作业要求较高。以美国的保护性耕作发展历程为例，在保护性耕作初期，从 19 世纪 30—40 年代，翻耕被质疑，保护性耕作的理念萌生，到 1966 年保护性耕作技术推广应用，经历了 30 年左右，关键技术缺乏是实施保护性耕作的主要障碍。技术发展是保证保护性耕作实施效果、发挥效益最大化的重要支撑，为此美国不断发展免耕播种机等保护性耕作配套机具和除草技术，宣传保护性耕作技术在抑制沙尘暴、减轻水土流失及旱地农业增产、降低成本等方面的效益。同时，巴西合适的免耕播种机具和除草剂为其保护性耕作发展初期的顺利实施提供了重要条件。巴西免耕机具公司发展迅速，其中Semeato成为巴西、同时也是南美洲最大的免耕播种机生产商，为适应巴西农场小规模的特点研发了多功能免耕播种机，能够同时进行中耕作物（大豆、玉米、高粱和向日葵）、条播作物（小麦、燕麦和绿肥作物）的播种作业。免耕开始在巴西实施时，除草剂种类少，主要依靠人工除草，人工作业效率限制了其大面积应用。除草剂公司通过出版杂草种类、除草剂使用方法等方面的书籍，使除草剂真正成为农民和研究人员手中的工具，并利用轮作和作物覆盖控制杂草。这些技术与装备的不断完善，为保护性耕作技术的顺利实施及大面积推广提供了技术保障。

2. 政策与法律保障

保护性耕作颠覆了传统耕作的翻耕概念，以免少耕和秸秆覆盖的方式进行作业，这一新型的耕作制度能否被农民接受和认可，是其发展面临的重要挑战。通过政策与法律引导使农民逐渐了解该项技术的优势，快速提高认可度，是促进各国保护性耕作技术推广并不断发展完善的主要原因。1935年，美国罗斯福总统签署《土壤保护法案》，并成立了土壤保护局。这是第一部关于土壤保护的法律，要求农场主尽可能采用能够保护土壤的措施。这一法律的制定，揭开了美国保护性耕作的序幕。1985年，美国出台了《食品安全法案》，要求农户必须采用保护性耕作，该法案对采用保护性耕作技术的农户进行补贴和政府资助，同时将保护性耕作列入粮食安全计划，促使人们保护土地，减少土壤侵蚀。这一法律的颁布，有效促进了保护性耕作技术的快速发展，保护性耕作实施面积由法案实施前的2.3%增长至2000年的37%。巴西银行向购买或改造免耕播种机的农民提供补贴贷款、在世界银行的支持下实施若干关于土壤综合管理与保护的项目、将免耕纳入补贴贷款范畴、政府开展农业融资降低免耕作业的利率和保险费用等。通过这些政策支持，提高农民抵抗农业风险能力，提高农民实施保护性耕作技术的积极性。

3. 长期稳定的应用示范

从长期效益看，保护性耕作对促进农业可持续发展、保护环境具有显著的积极作用。从农户经济角度看，保护性耕作能够提高土壤养分含量和物理特性，促进作物生长，提高作物产量；同时，由于减少作业工序，降低了成本，具有节本增效的效果。但该技术是一项漫长且不能立即显著见效的技术体系，美国、巴西和澳大利亚在技术装备成熟后，都经历了10～20年才得到快速增长。美国俄亥俄州立大学W. A. Dick教授开展了一项长达60多年的定位试验，结果表明长期保护性耕作能够提升土壤质量。由于保护性耕作与传统耕作的作业方式完全不同，忘记传统耕作、学习全新知识是采用保护性耕作并获得成功的重要前提。新技术实施过程中，需要农民从知识、态度、技能和信念等方面都进行相应的改变，尤其是信念的转变最为困难。通过长期稳定的应用示范，能够帮助耕地所有者深入了解保护性耕作的优势，提高对该项技术的认可度。为此，一些国家重视发挥州政府、科研单位、企业、农民和社会团体等各方力量，通过建设示范农场和召开现场会等方式对农机、农艺各项技术措施进行演示，对操作规程进行培训，同时组织农场调查、数据采集与分析和田间实地参观等多种方式，加强宣传教育培训工作。通过这些方式让耕地所有者从中受益，成为利益相关者，自觉（或自愿）地实施保护性耕作。

第四章　我国保护性耕作发展面临的新形势和新挑战

一、我国保护性耕作发展面临的新形势

(一) 党中央高度重视耕地保护和藏粮于地战略，为保护性耕作发展提供了战略机遇

粮食安全是"国之大者"，耕地是粮食生产的命根子，是粮食安全的生命线，是中华民族永续发展的根基。党中央高度重视耕地保护工作，要求坚决制止耕地"非农化"，防止耕地"非粮化"，坚守耕地保护红线，筑牢粮食安全根基。2020年以来，习近平总书记多次对耕地红线作出重要指示，保障粮食等重要农产品供给安全是"三农"工作头等大事。在粮食安全问题上千万不可掉以轻心。要确保谷物基本自给、口粮绝对安全，确保中国人的饭碗牢牢端在自己手中；耕地保护要求要非常明确，18亿亩耕地必须实至名归，农田就是农田，而且必须是良田；坚守18亿亩耕地红线，没有一点点讨价还价的余地；要保护好黑土地，一定要采取一些措施，采用秸秆还田覆盖等技术模式，摸索的这种梨树模

式，值得深入地总结，然后向更大的面积去推广；耕地是粮食生产的命根子，要像保护大熊猫那样保护耕地。

保护性耕作可以降低耕地侵蚀风险、培肥地力、改善土壤结构，有利于形成良田；保土培肥，提高水分利用效率，有利于增加作物产量，实现"藏粮于地"。推广保护性耕作，是保护粮食安全的重要举措，可有力促进粮食综合生产能力转型升级。党中央高度重视耕地保护和藏粮于地战略，为保护性耕作发展提供了战略机遇。

（二）农业可持续发展政策利好，为保护性耕作发展提供了政策保障

农业可持续发展是保障粮食安全和维护生态平衡的重要途径。通过保护生态系统、改善土壤质量、合理利用水资源等措施，确保粮食供应的稳定性和可靠性，减少农业对自然资源的损害，降低土地退化风险。我国对资源安全、生态安全和农产品质量安全高度关注，绿色发展、循环发展、低碳发展理念深入人心，农业可持续发展已成为社会共识。

作为农业生产与环境保护"双赢"的农业技术，保护性耕作被多项国家政策列为可持续农业技术。2015年，农业部等八部委联合发布的《全国农业可持续发展规划（2015—2030年）》将保护性耕作作为提升耕地质量、发展雨养农业、保护黑土地、减少黄淮海区地下水开采的可持续农业技术。2020年，农业农村部、财政部联合印发《东北黑土地保护性耕作行动计划（2020—2025年）》，加大保护性耕作在东北黑土区的推广力度。2021年，中共中央、国务院印发的《关于全面推进乡村振兴加快农业农村现代化的意见》

明确提出，要大力发展保护性耕作，支持保护性耕作等绿色高效技术的示范推广。2021年，农业农村部、国家发展改革委等六部委联合印发《"十四五"全国农业绿色发展规划》，要求培育肥沃耕作层，实行保护性耕作，增施有机肥。同年，农业农村部、国家发展改革委等七部委编制《国家黑土地保护工程实施方案（2021—2025年)》，将保护性耕作作为建设农田防护体系、肥沃耕作层构建的重要措施。2022年，《中华人民共和国黑土地保护法》颁布，要求因地制宜应用保护性耕作等技术，积极采取提升黑土地质量和改善农田生态环境的养护措施，依法保护黑土地。在国家层面制定保护性耕作行动计划、引导政策、统筹规划和法律保护，为保护性耕作发展提供新保障。

（三）发展保护性耕作有利于促进农业绿色发展和"双碳目标"的实现

保护性耕作是一项重要的农业碳汇技术。据《土壤呼吸作用与全球碳循环》数据，全球土壤每年吸收约25亿t二氧化碳，约占全球碳汇总量的20％。全球土壤中储存的有机碳为1 500～2 400亿t，是大气中二氧化碳含量的2～3倍，土壤碳汇对全球碳循环和气候调节具有重要作用。农田碳汇是农业碳汇的重要组成部分。国内外大量研究表明，保护性耕作通过减少土壤扰动、秸秆覆盖，提高土壤有机质含量，发挥土壤吸碳固碳作用，将一部分二氧化碳储存在农田土壤中，减少土壤有机碳库的损失，保护土壤水分，土壤增碳将提高贫困土壤的生产力和资源利用效率。2004年，世界权威杂志 *Science* 发表的一篇论文"Managing Soil Carbon"（管理土壤碳），认为恢复土壤碳对提高土壤质量、维持和改善粮食生产、保持清洁用水和减少大气中二氧化碳的增加至关重要；土壤碳损失主要来自翻耕，翻耕使土壤容易受到加速侵蚀，美国的沙尘暴时代就是一个典型的案例。

据 FAO 的数据统计，农业用地释放出来的温室气体超过了全球人为温室气体排放总量的 30％，但同时农业生态系统也可以抵消 80％ 因农业导致的温室气体排放。

实施保护性耕作是实现"双碳目标"的重要措施。党的二十大报告指出：积极稳妥推进碳达峰碳中和；建立生态产品价值实现机制，完善生态保护补偿制度；提升生态系统碳汇能力。习近平总书记在 2020 年中央农村工作会议上指出，2030 年前实现碳排放达峰、2060 年前实现碳中和，农业农村减排固碳，既是重要举措，也是潜力所在，这方面要做好科学测算，制定可行方案，采取有力措施。2021 年，农业农村部、国家发展改革委等六部委联合印发我国首部农业绿色发展专项规划《"十四五"全国农业绿色发展规划》，规划要求实行保护性耕作，培育肥沃耕作层，有效减轻土壤风蚀水蚀，防治农田扬尘和秸秆焚烧，增加土壤肥力和保墒抗旱能力。2022 年中央一号文件《关于做好 2022 年全面推进乡村振兴重点工作的意见》提出，研发应用减碳增汇型农业技术，探索建立碳汇产品价值实现机制。2014 年《国家应对气候变化规划（2014—2020 年）》、2018 年《打赢蓝天保卫战三年行动计划》也都要求发展保护性耕作。

（四）东北黑土地行动计划成功实施，为我国更大范围发展保护性耕作树立了典范

2020 年，经国务院同意，农业农村部、财政部联合印

发的《东北黑土地保护性耕作行动计划（2020—2025年）》指出，力争到2025年，保护性耕作实施面积达到1.4亿亩，占东北地区适宜区域耕地面积的70%左右，形成较为完善的保护性耕作政策支持体系、技术装备体系和推广应用体系。东北黑土地保护性耕作行动计划实施3年取得的成效、经验及做法，为我国华北、西北及长江流域等区域的保护性耕作技术的进一步推广应用提供了经验。

保护性耕作补贴机制已基本形成。中央财政专项渠道安排东北黑土地保护性耕作补助资金，以"大专项＋任务清单"管理方式下达地方实施。省级农业农村部门、财政部门根据农业农村部和财政部下达的任务清单，科学测算分配中央财政补助资金，支持开展秸秆覆盖免少耕播种作业及建设高标准保护性耕作应用基地。

保护性耕作补贴方式也已建立。补贴对象为实施保护性耕作的农业经营主体和作业服务主体；补助标准由各地综合考虑本辖区工作基础、技术模式和成本费用等因素确定，对不同区域不同技术模式实行差异化补助；鼓励各地采取政府购买服务、"先作业后补助、先公示后兑现"等方式实施，支持有条件的农机合作社等农业社会化服务组织承担补助作业任务，提高补助实施效率和作业质量。各地统筹用好相关资金，加大保护性耕作整体推进县和县乡级高标准应用基地建设的支持力度，鼓励先行先试、连续实施。

东北黑土地行动计划保护了黑土地优良产能、保障了粮食安全、维护了生态平衡，形成了以点带面推进保护性耕作的良好态势。

二、我国保护性耕作发展面临的新挑战

(一) 传统观念转变慢是保护性耕作大范围应用面临的"认知挑战"

思想观念的转变和认知水平的提高是保护性耕作持久发展的根本。保护性耕作是对传统耕作方式的变革，不管是经济效益还是生态效益都需要较长时间才能充分体现，相关科研、管理与推广人员以及农民传统耕作观念根深蒂固，接受新技术慢，认为农业生产就应该翻耕土壤，如果将秸秆覆盖地表，保持土壤免耕或者少耕，即使不减产，也可能被看作"懒汉种地"，这种观念的转变需要 5～7 年甚至更长时间；有的农机手担心这项技术减少了作业次数和作业量，影响了自己的作业费收入，因而服务保护性耕作的积极性不高；有的农民已经购置了传统耕作装备，机具更新换代需要一定的时间，短期内不愿意或没有资金购置新机具，也不愿意购买新技术作业服务。

(二) 配套工程不足是保护性耕作高质发展面临的"政策挑战"

配套工程是保障政策执行效果的驱动力。2002 年以来国务院印发或同意印发的各类规划、意见、行动计划中，至少 20 个文件要求发展保护性耕作，相关部委也先后启动了保护性耕作示范工程（2002—2015 年）、保护性耕作工程建设规划、东北黑土地保护性耕作行动计划等配套工程，推动了保护性耕作的发展。但是这些工程普遍存在覆盖范围不够广、支持力度不够大、在项目实施区执行期短等问题，导致有项目支持的时候发展快，没项目支持的时候发展慢，甚至停滞或者倒退。工程项目绩效难以得到长期延续，保护性耕作应有的节水抗旱、减轻水土流失、减少灌溉用水和丰产增收的综合效益未得到充分发挥。

（三）基础研究薄弱是保护性耕作稳步发展面临的"理论挑战"

理论研究是保护性耕作技术创新的基础。目前我国对于保护性耕作技术研究较多，但基础理论研究不足。保护性耕作在秸秆和土壤管理方面与传统耕作方式有较大差别，需要育种、耕作、栽培、植保、水肥管理和农机等多个学科深度融合，应强化基础理论研究，指导技术研发。但是由于缺乏顶层设计、缺少长期重大项目支撑，导致众多的创新主体之间没有形成有效合力，科学研究重复多、力量分散。对于不同耕作措施对土壤、水分、产量的影响等研究较多，但是对于保护性耕作条件下土壤-机器-植物-环境之间内在耦合机理研究不够深入，还不能很好地解释保护性耕作在不同区域体现的不同效果；对不同区域适宜的秸秆覆盖量、适宜的少耕动土量缺乏研究，难以指导不同区域开展差异性技术创新；保护性耕作的综合效果需要较长时间才能得到充分体现，但是我国缺少长期定位观测基地，难以用长期科学数据解释保护性耕作产生的正负效应；我国保护性耕作在北方应用多，南方应用少，对于南方是否需要保护性耕作缺乏基础研究，南方部分地区开展的相关试验，也是照搬北方的方法。

（四）装备水平不高是保护性耕作快速发展面临的
"装备挑战"

装备是保护性耕作快速发展的物质保障。目前，我国保护性耕作机具处于"有机可用"状态，尚需向"有好机用""有智机用"发展。对于机具研发，"试探式"研究关键部件和整机多，基础研究少，难以用理论指导整机设计，研发周期长；对机具结构研究多，对核心部件专用材料和加工工艺研究少；对机具设计研究多，对生产制造技术改造和工艺升级研究少，大多是采用传统机具材料、加工工艺和生产设备制造保护性耕作专用装备，降低了装备的适应性、可靠性及使用寿命。在机具种类方面，秸秆覆盖免耕播种机研究较多，秸秆覆盖条件下的少耕、植保机具研究较少；玉米、小麦机具研究较多，其他作物的保护性耕作机具研究较少；适合北方区域的机具研究较多，适合南方水田区的机具研究较少；对机械研究较多，智能化、信息化技术融入度不够深入。

第五章　发展战略构想

一、总体发展思路

以习近平新时代中国特色社会主义思想为指导，深入贯彻党的二十大精神和习近平总书记关于"三农"工作的重要论述，全面落实耕地保护和"藏粮于地、藏粮于技"国家重大战略。以保护耕地、改善生态环境、节本增效、促进农业可持续发展为目标，坚持稳中求进工作总基调，坚持技术突破、装备创新与机制创建三位一体，落实新发展理念，以农业供给侧结构性改革为主线，通过政府与市场两端发力、农机与农艺深度融合、科技支撑与主体培育并重、重点区域化突破与整体推进并举、稳产丰产与节本增效兼顾，大力推进保护性耕作。

我国今后保护性耕作发展分为两个阶段：2025 年，完成东北黑土地保护性耕作行动计划任务，并适度扩展到西北一熟区；2035 年，保护性耕作成为整个北方地区（东北、西北、华北）适宜区域的主流耕作技术，成为绝大部分农民自觉采用的常规农业技术。

二、战略构想

（一）建设贯穿三北地区易受侵蚀农田的"固土屏障"

在东北、华北和西北实施保护性耕作，建成贯穿三北地区易受侵蚀农田的固土屏障，用作物秸秆给耕地"盖被子"，减少土壤扰动，表土不松散，避免地表裸露，减少农田风蚀量 40%～70%，减轻风蚀造成的土壤耕层变薄和肥力降低等问题，对防止土壤退化具有明显的优势和作用，降低沙尘暴发生的频率，减轻沙尘暴危害。

（二）建成干旱缺水区域农田的"地下水库"

在干旱缺水区域实施保护性耕作，可以提高土壤通气孔隙、蓄水孔隙和饱和导水率，可增加 25% 左右的土壤稳定水分入渗率；通过地表覆盖、少动土降低地面温度、减小风速，减少了农田无效蒸发。保护性耕作营造的地下水库，将有利于黄河流域减少灌溉用水，有利于华北两熟区减少对地下水开采。以华北两熟区为例，如果实施 5 000 万亩保护性耕作，每年可节约 50 亿 m^3 左右灌溉用水，相当于华北第一大水库密云水库的总库容量。

（三）建成增产百亿斤粮食的"新粮仓"

在我国北方地区，实施保护性耕作可以改善土壤结构、增加土壤有机质含量、提高土壤蓄水保墒能力，为作物营造良好的生长环境，在保证播种质量并且有效控制杂草病虫害的前提下，增产趋势明显。按照北方地区小麦平均产量 450 kg/亩，玉米平均产量 600 kg/亩，保护性耕作平均增产 5%，相当于平均每亩增产粮食 22.5～30 kg。如果在东北、华北、西北地区推广保护性耕作 3 亿亩，预计每年可增产粮食超过百亿斤，相当于建成藏粮于地、年增产百亿斤的新粮仓。

三、战略目标

1. 第一阶段目标

至 2025 年，保护性耕作实施面积超 1.5 亿亩，在国家千亿斤粮食行动中的贡献率超过 7%；形成较为完善的保护性耕作政策支持体系、技术装备体系和推广应用体系。经过持续努力，保护性耕作成为适宜区域农业主流耕作技术，实现保护性耕作从示范到快速应用的转变，耕地质量和农业综合生产能力稳定提升，生态、经济和社会效益明显增强。

2. 第二阶段目标

至 2035 年，保护性耕作面积超 3 亿亩，在国家千亿斤粮食行动中的贡献率达 10%以上。通过农田修复治理和配套设施建设，加快建成一批集中连片、土壤肥沃、生态良好、设施配套、产能稳定的商品粮基地。在建设区内高产田质量不降低，1/3 中低产田耕地质量平均提高 0.5～1 个等级，土壤有机质含量平均提高 2 g/kg 以上。通过土壤改良、地力培肥和治理修复，有效遏制土地退化，持续提升耕地质量和产出率，改善生态环境，提升农业生产效益。

第六章　重点研究内容与重大工程

一、重点研究内容

（一）研究制定我国保护性耕作技术发展规划

我国不同区域的种植制度、气候、土壤及社会经济条件差异性很大，对保护性耕作的技术需求迫切度也不尽相同，例如风蚀严重区迫切需要的是减少风蚀降低扬尘，干旱严重区迫切需要的是提高节水保墒抗旱能力。因此，大范围发展保护性耕作，必须制定科学的发展规划。重点研究内容为：

1. 研究制定保护性耕作区域布局

研究保护性耕作在不同区域能够解决的主要问题，明确急需采用、选择性采用、不需要采用保护性耕作的区域，制定保护性耕作行动计划实施方案和发展路线图。

2. 提出适合我国国情的补贴政策

系统评价我国保护性耕作 30 年所取得的成就，明确保护性耕作发展的技术、经济、政策等制约因素，研究保护性耕作技术补贴范围、环节、标准、额度以及相应的监管措施，提出效果可持续的补贴政策建议。

（二）基础理论研究和技术创新

针对我国保护性耕作基础研究现状，开展以下理论研究与技术创新：

1. 保护性耕作对农田环境和产量的影响规律

在不同区域设立长期定位试验基地，探明不同土壤、气候环境下秸秆还田方式、耕作方式对农田环境（如光、热、水、气、肥）、土壤理化性状、微生物群落等的影响规律；研究不同耕作方式、秸秆覆盖方式下杂草、病虫害的演变规律；揭示不同因素对土壤肥力、作物生长、产量的影响机理。

2. 南方多熟区保护性耕作技术模式

南方地区实施保护性耕作的主要问题是一年多熟，无休闲期；秸秆量大；处理间隔期短，作业工序多，生产成本高；高温高湿，旱涝兼有，病虫草害严重。明确南方多熟区保护性耕作的核心技术要求；创新高温高湿条件下的杂草病虫害防控技术；制定主要轮作制度下的保护性耕作技术模式和作业规程。

3. 保护性耕作核心零部件设计理论与专用材料

加强保护性耕作条件下的土壤-机器-秸秆互作机理研究，研究不同部件作用下的土壤运动机理、秸秆运动机理；探明秸秆覆盖条件下不同喷药方式的药滴分布规律，以及速度、振动对播种机排种性能的影响规律；创新耐蚀、耐磨、耐冲击和耐疲劳的零部件新材料和加工新工艺。

4. 因地制宜的区域指导性技术模式

针对不同区域气候、土壤、种植制度及社会经济特点，研究设计不同区域适宜的主体保护性耕作技术模式，明确关键技术、配套技术，并制定配套技术规程。

二、重大工程建议

（一）北方一熟区保护性耕作行动计划

1. 行动计划实施范围与需求

北方一熟区主要包括东北黑土区、北方农牧交错区、西北一熟区。采用保护性耕作原则性要求：休闲期少动土、多覆盖，以保水保土；采用免少耕播种方式，保证播种后地表秸秆覆盖率超过30%。在东北黑土区实施保护性耕作，重点是为了减轻黑土地退化，提高黑土地保护能力；在北方农牧交错区实施保护性耕作，重点是为了防止农田扬尘和土壤沙化，提升农田地力，增加作物产量；在西北一熟区实施保护性耕作，重点是为了减轻水土流失、减少无效蒸发、提高土壤蓄水保墒能力，在保证粮食产量前提下，减少灌溉用水需求。

2. 行动计划内容

在东北黑土区第一期黑土地保护性耕作行动计划结束后，滚动执行二期行动计划，查遗补缺，巩固一期行动计划成果，使保护性耕作成为东北黑土区主流耕作技术；实施北方农牧交错区、西北一熟区保护性耕作行动计划。行动计划将建立100个省（区）级和 N 个县级效果监测点，长期定位监测不同耕作方式对土壤理化性状、作物、病虫草害、土壤风蚀水蚀的影响，以科学的数据指导保护性耕作发展；制定区域级保护性耕作指导性技术模式，以及县乡级保护性耕作操作性技术模式；针对农民观念转变难的新挑战，通过不同方式，开展保护性耕作大宣传和不同层次技术培训；到2035年，力争在北方一熟适宜区域保护性耕作应用面积超2.5亿亩。

（二）两熟区保护性耕作示范工程

两熟区主要是指黄淮海玉米小麦两熟区、关中平原玉米小麦两熟区。在这类区域实施保护性耕作主要是通过免耕或少耕、秸秆覆盖地表方式，减少作业工序，降低生产成本，提高土壤含水量，减少灌溉用水，为秸秆还田提供一种可供选择的技术途经。

1．建立效果监测点，制定技术模式

建立50个省（区）级、N个县级效果监测点，长期定位监测不同耕作方式对土壤理化性状、作物、病虫草害和土壤风蚀水蚀的影响，以科学的数据指导保护性耕作发展。明确保护性耕作的适宜范围，制定指导性技术模式，并细化为县乡级两熟区周年保护性耕作高产高效技术模式。

2．配套装备完善、迭代升级与创新

完善已有装备性能，提高可靠性和适应性；融合智能化、信息化技术，迭代升级改造原有装备；创新适应大量秸秆覆盖条件、减阻耐磨防缠少耕种床装备机具，以及高速高性能精量播种装备。

3．大宣传、大培训

建立1000个百亩级高标准示范基地，并结合定位效果

监测的科学数据，开展保护性耕作大宣传；培育千名保护性耕作带头人；做给农民看、教给农民干、带着农民算、引导农民干，提高农民对保护性耕作的认知度。

2025 年之前，保护性耕作应用面积超过 2 000 万亩；2035 年，稳定在 5 000 万亩以上。

（三）保护性耕作装备保障能力提升工程

1. 补短板，提高装备的适应性

创新仿地形秸秆根茬处理技术，提高秸秆还田机对粗糙地表的适应性；研发秸秆带状覆盖机、带状掩埋机和秸秆粉碎喷药（催腐剂）一体机，适应不同秸秆覆盖技术需求；研发带状耕作机、弹齿耙等少耕整地机，完善少耕装备种类，满足播种前少耕整地需求；提高玉米、小麦少免耕播种机的适应性和可靠性，研发玉米高速精量免耕播种机、小麦高质免耕播种机及大豆、油菜高性能免少耕播种机；创新秸秆覆盖条件下机械式除草机、高效喷药机和中耕追肥机。

2. 强智能，提高装备智能化水平

融合机电液控制、传感器、机器视觉、深度学习、卫星导航和图像处理等技术，创新对行避茬作业、固定道作业技术与装备，消除秸秆对作业质量的影响，减轻机具对土壤的压实破坏；创新智能控制电驱排种器，免耕播种机器人，提高排种器抗干扰性能，提升免耕播种质量；创新对行精准除草机，以物理方式，精准灭除杂草，减少除草剂使用量；研发保护性耕作机具作业信息化管理系统，满足机具作业信息远程实时获取、故障预警、智能诊断和协同作业等管理需求。

3. 强制造，提高装备的可靠性

选择基础条件好、有发展意愿的整机和零部件企业，培养企业发展需要的保护性耕作装备技术人才；成立保护性耕作装备研发中心；制定保护性耕作装备生产、检测企业标准；利用智能化技术，设计保护性耕作专用装备制造专用生产线或机器人；通过与科研院所合作、项目支持等方式，从装备开发源头参与设计、试制、改进、完善与产品定型，将被动协助试制机具转变为主动参与机具研发。

到 2035 年，我国保护性耕作装备种类基本齐全，整体性能达到国际先进水平，在多熟区保护性耕作技术与装备方面达到国际领先水平。

第七章 政策建议

一、加强顶层设计，制定保护性耕作发展规划和配套政策

国外保护性耕作发展较好的国家以生态保护、经济效益"双赢"为主要目标，我国实施保护性耕作除了保护生态环境、提高经济效益，还要高产、增产，藏粮于地，实现可持续的"三赢"目标，需要把发展保护性耕作从行业行为上升为国家战略，政府发挥长期的主导作用。

制定我国保护性耕作中、长期发展规划。确定适宜发展区域，明确发展路径；在高标准农田建设过程中，要求在适宜区域实施保护性耕作；整合土地保护各项政策，形成保护性耕作发展合力。

二、强化法律保障，制定我国保护性耕作实施条例

落实习近平总书记关于"加快耕地质量保护立法"的重要指示，以及《中华人民共和国黑土地保护法》对保护性耕

作的要求、《中华人民共和国粮食安全保障法》对耕地保护的要求，建议农业农村部门制定我国保护性耕作实施条例，加强支持引导，在土壤风蚀、水蚀和地下水下降严重的区域，如果采用保护性耕作措施，可获得农业方面的各种补贴以及农机购置补贴。

在新一轮土地承包过程中，建议以合同条款方式，引导保护性耕作适宜区内的耕地采用保护性耕作。

三、鼓励科技创新，强化保护性耕作发展的技术支撑

保护性耕作具有很强的基础性，需要长期研究、跟踪监测，建议相关部门制定保护性耕作科技创新中、长期发展规划；建设国家级保护性耕作装备创新中心，提升装备创新和协同攻关能力；设立保护性耕作科研专项，或在国家现代农业产业技术体系中设立保护性耕作专项，有序开展有组织的科技创新；建立野外观测试验站，长期定位监测保护性耕作产生的正负效应。

四、加大财政支持力度，发挥政策导向和激励作用

保护性耕作既不是单纯的环保技术，也不是单纯的增产技术，而是"保、用、养"结合的农业技术，短期可以"保好、用好"耕地实现高产，长期可以"养好、用好"耕地实

现可持续发展，具有环境保护与农业生产"双重公益性"。需要加大财政支持力度，发挥政策导向和激励作用。

实施优机优补政策，加大对保护性耕作核心机具、高性能机具补贴力度，对具有较大市场潜力的保护性耕作新机具给予中试熟化补贴；实施保护性耕作作业补贴政策，引导、鼓励农民采用保护性耕作，一般需要较长时间补贴，直至农民习惯并持续采用保护性耕作技术；设立保护性耕作人才培养专项，培养不同学历层次的专门技术人才，培训保护性耕作宣传员和推广骨干，培训农村保护性耕作带头人。

附录 我国保护性耕作相关政策

中共中央、国务院、全国人民代表大会常务委员会、有关部委和地方政府先后出台多项政策文件，推动保护性耕作发展。

一、中央一号文件

中央一号文件已 11 次要求发展保护性耕作。

• 2005 年，改革传统耕作方法，发展保护性耕作。

• 2006 年，继续实施保护性耕作示范工程和土壤有机质提升补贴试点。

• 2007 年，改革农业耕作制度和种植方式，开展免耕栽培技术推广补贴试点。

• 2008 年，继续实施保护性耕作项目。

• 2009 年，大力开展保护性耕作，加快实施旱作农业示范工程。

• 2010 年，推广保护性耕作技术，实施旱作农业示范工程。

• 2011 年，积极发展旱作农业，采用地膜覆盖、深松深耕、保护性耕作等技术。

- 2012 年，积极推广精量播种、化肥深施、保护性耕作等技术。

- 2020 年，推广黑土地保护有效治理模式，推进侵蚀沟治理，启动实施东北黑土地保护性耕作行动计划。

- 2021 年，实施国家黑土地保护工程，推广保护性耕作模式。

- 2022 年，深入推进国家黑土地保护工程。实施黑土地保护性耕作 8 000 万亩。

二、党和国家领导人的批示与讲话

2002 年 5 月，农业部在山西省召开了全国保护性耕作现场会，得到了党和国家领导人的高度重视。时任国务院总理温家宝指示："改革传统耕作方法，发展保护性耕作技术，对于改善农业生产条件和生态环境具有重要意义。"

2007 年 3 月 26 日在全国防沙治沙大会上，时任国务院副总理回良玉要求：转变生产方式，严格沙化源头控制。土地沙化成因是多方面的，既有自然气候变化的因素，也有人为破坏的原因。防沙治沙要控制源头，综合治理，狠抓沙区产业结构调整和生产方式转变，以调促防，以转促治。要积极推广保护性耕作，发展沙区设施农业，切实改变一些地方滥开乱垦、粗放经营的做法。

2015 年 2 月 16 日，时任国务院总理李克强在《求是》杂志第 4 期发表署名文章《以改革创新为动力　加快推进农业现代化》。文章指出，"改"就是要把土壤改良好，实施耕地质量保护与提升行动，引导农民施用有机肥，推广深松整地、秸秆还田、保护性耕作等措施培肥地力，加快建设旱涝保收、高产稳产的高标准农田。

习近平总书记 2020 年在吉林考察时，谈到黑土地保护时指出：黑土高产丰产，同时也面临着土地肥力透支的问题。一定要采取有效措施，保护好黑土地这一"耕地中的大熊猫"。实施玉米秸秆还田覆盖，不仅可以增加土壤有机质，还能起到防风蚀水蚀和保墒等作用，这种模式值得总结和推广。

三、环境保护、沙尘暴防治

2005 年，国务院发布《关于进一步加强防沙治沙工作的决定》，第五部分"加强沙化土地治理"第 16 条"因地制宜治理沙化土地"中指出，对未退耕的沙化耕地要加快农业生产方式改革，积极推行免耕留茬等保护性耕作措施。

2006 年 6 月 5 日，世界环境日，国务院新闻办公室发表《中国的环境保护（1996—2005）》白皮书，其中写道"国家积极推广保护性耕作，启动了以秸秆覆盖、免耕播种、深松和除草技术为主要内容的保护性耕作项目，重点在环京津区和西北风沙源头区建立了两条保护性耕作带"。

2008 年，国务院新闻办公室发布《中国应对气候变化的政策与行动》，将保护性耕作作为一项农田土壤碳汇技术。此后连续多年将保护性耕作写入这一文件中。

2008 年，国务院办公厅《2008 年节能减排工作安排的通知》第六部分"加快节能减排技术开发和推广"中指出，要推进免耕、少耕、保护性耕作等栽培技术2亿亩以上，测土配方施肥技术面积9亿亩以上。

2009年，《全国人民代表大会常务委员会关于积极应对气候变化的决议》第三部分"采取切实措施积极应对气候变化"中指出，采取保护性耕作、草原生态建设等措施，增加农田和草地碳汇。

2011年，环境保护部印发《国家环境保护"十二五"科技发展规划》第五部分"土壤污染防治领域"第一条"农村土壤环境管理与土壤污染风险管控技术研究"中指出，研究基于种植制度调整及保护性耕作的面源污染防控技术、农用地土壤环境管理技术。

2012年，全国人民代表大会常务委员会执法检查组关于检查《中华人民共和国农业法》实施情况的报告中，建议"加大植保和良种工程，保护性耕作和农业生态保护等方面投入"。

2013年，国务院批准，国家林业局、国家发展改革委、财政部、国土资源部、环境保护部、水利部联合印发的《全国防沙治沙规划（2011—2020年）》指出，通过实施人工造林种草、封沙育林育草、飞机播种造林种草、保护性耕作、退牧还草和水土流失综合治理等措施，对沙化及潜在沙化土地进行保护和修复性治理。

2013年，环境保护部发布《环境空气细颗粒物污染综合防治技术政策》第七部分"防治农业污染"第三十条，提倡采用"留茬免耕、秸秆覆盖"等保护性耕作措施，最大限度地减少翻耕对土壤的扰动，防治土壤侵蚀和起尘。

2014年，经国务院批复，国家发展和改革委员会印发的《国家应对气候变化规划（2014—2020年）》共有3处提到了保护性耕作：第三章"控制温室气体排放"第四节"增加森林及生态系统碳汇"中指出，推广秸秆还田、精准耕作技术和少免耕等保护性耕作措施；第四章"适应气候变化影响"第三节"提高农业与林业适应能力"中指出，推广旱作农业和保护性耕作技术，提高农业抗御自然灾害的能力；第六章"完善区域应对气候变化政策"第二节"农产品主产区应对气候变化政策"中指出，提高东北平原适应气候变暖作物栽培区域北移影响的能力，加强黑土地保护，大力开展保护性耕作。

2018年，国务院《打赢蓝天保卫战三年行动计划》第五部分"优化调整用地结构，推进面源污染治理"第十八条"实施防风固沙绿化工程"中指出，推广保护性耕作、林间覆盖等方式，抑制季节性裸地农田扬尘。

2022年，经国务院同意，国家林业和草原局、国家发展改革委、财政部、自然资源部、生态环境部、水利部、农业农村部联合印发《全国防沙治沙规划（2021—2030年）》，要求在半干旱沙化土地类型区，冬春季推行免耕留茬等农田保护性耕作，减少风沙危害；在黄淮海平原半湿润、湿润沙化土地类型区，冬春季推行免耕留茬等保护性耕作，减少就地起尘；对未退耕的沙化耕地，在冬春季推行免耕留茬等保护性耕作措施，减少起沙扬尘。

2023年，生态环境部、国家发展和改革委员会、科学技术部、财政部、自然资源部等十七部委联合印发《国家适应气候变化战略2035》，在第五章第一节"增强农业生态系统气候韧性"中，强调在适宜地区推广保护性耕作；在第六章第二节"强化区域适应气候变化行动"中，提出在西北地区推广保护性耕作。

四、耕地保护

2004年，国务院办公厅印发《2004年振兴东北地区等老工业基地工作要点的通知》，第二部分"大力推进产业结构调整和优化升级"第六条中指出，要实施"沃土工程"，推进保护性耕作等技术性措施，提高黑土区耕地质量，建设优质粮食产业基地。

2005年，国土资源部、农业部、国家发展和改革委员会等部委联合印发《关于进一步做好基本农田保护有关工作的意见》，在"加大建设力度，切实提高基本农田质量"中要求，大力推广应用配方施肥、保护性耕作、地力培肥、退化耕地修复等技术，提升基本农田地力等级。

2017年，《中共中央 国务院关于加强耕地保护和改进占补平衡的意见》第四部分"推进耕地质量提升和保护"第十四条"统筹推进耕地休养生息"中指出，因地制宜实行免耕少耕、深松浅翻、深施肥料、粮豆轮作套作的保护性耕作制度，提高土壤有机质含量，平衡土壤养分，实现用地与养地结合，多措并举保护提升耕地产能。

2017年，国务院印发《全国国土规划纲要（2016—

2030 年)》，在"强化耕地资源保护"中要求，加强北方旱田保护性耕作，提高南方丘陵地带酸化土壤质量，优先保护和改善农田土壤环境，加强农产品产地重金属污染防控，保障农产品质量安全。

2017 年，经国务院同意，农业部、国家发展和改革委员会、财政部、国土资源部、环境保护部、水利部联合印发《东北黑土地保护规划纲要（2017—2030 年）》，第四部分"技术模式"第三条"耕作层深松耕，保水保肥"提出，开展保护性耕作技术创新与集成示范，推广少免耕、秸秆覆盖、深松等技术，构建高标准耕作层，改善黑土地土壤理化性状，增强保水保肥能力；第五部分"保障措施"第三条"推进科技创新"要求，推进科技创新，组织科研单位开展技术攻关，重点开展黑土保育、土壤养分平衡、节水灌溉、旱作农业、保护性耕作、水土流失治理等技术攻关，特别要集中攻关秸秆低温腐熟技术。

2020 年，经国务院同意，农业农村部、财政部联合印发的《东北黑土地保护性耕作行动计划（2020—2025 年）》提出，力争到 2025 年，保护性耕作实施面积达到 1.4 亿亩，占东北地区适宜区域耕地总面积的 70% 左右，形成较为完善的保护性耕作政策支持体系、技术装备体系和推广应用体系。经过持续努力，保护性耕作成为东北地区适宜区域农业主流耕作技术，耕地质量和农业综合生产能力稳定提升，生态、经济和社会效益明显增强。

2022 年，我国颁布《中华人民共和国黑土地保护法》，要求因地制宜推广免（少）耕、深松等保护性耕作技术，推广适宜的农业机械；农村集体经济组织、农业企业、农民专业合作社、农户等应当十分珍惜和合理利用黑土地，加强农田基础设施建设，因地制宜应用保护性耕作等技术，积极采取提升黑土地质量和改善农田生态环境的养护措施，依法保护黑土地。

五、农机装备

2002 年，国务院办公厅转发国家经贸委、国家计委等部门《关于进一步扶持农业机械工业发展若干意见》，在"加强对农机工业发展的引导，大力调整产品结构"中，要求"发展有利于保护生态环境的保护性耕作配套机具、新型节水灌溉设备和节能设备，新型牧场和草原建设系列成套设备以及畜牧、水产养殖加工、植树种草等设备，更好地满足农业和农村经济发展的需求"。

2006 年，国务院发布《国家中长期科学和技术发展规划纲要（2006—2020 年）》，在"多功能农业装备与设施"中指出，重点研究开发适合我国农业特点的多功能作业关键装备，经济型农林动力机械，定位变量作业智能机械和健康养殖设施技术与装备，保护性耕作机械和技术，温室设施及配套技术装备。

2010 年，《国务院关于促进农业机械化和农机工业又好又快发展的意见》第二部分"促进农业机械化发展的主要任务"第八条"加强农业机械化技术推广"中指出，大力推广保护性耕作、节水灌溉、土地深松、精量播种、化肥深施、高效植保和农作物秸秆综合利用等增产增效、资源节约、环境友好型农业机械化技术。

2011年，国务院印发《全国现代农业发展规划（2011—2015年）》，第三部分"重点任务"第三条"改善农业基础设施和装备条件"中要求，加快实施保护性耕作工程。

2015年，国务院办公厅印发《关于加快转变农业发展方式的意见》，第六部分"强化农业科技创新，提升科技装备水平和劳动者素质"第二十一条"推进农业生产机械化"中指出，适当扩大农机深松整地作业补助试点，大力推广保护性耕作技术。

2016年，工业和信息化部、农业部、国家发展改革委，联合编制《农机装备发展行动方案（2016—2025）》，第五部分"保障措施"第二条"加大财税政策支持力度"中要求，在适宜和条件成熟地区鼓励开展保护性耕作、深松整地、秸秆还田、节水灌溉、高效植保等农机化生产作业。

2016年，国务院印发《全国农业现代化规划（2016—2020年）》，第八章"强化支撑加大强农惠农富农政策力度"第一部分"完善财政支农政策"第三条"调整优化农业补贴政策"中要求，优化农机购置补贴政策，加大保护性耕作、深松整地、秸秆还田等绿色增产技术所需机具补贴力度。

2018年，国务院发布《关于加快推进农业机械化和农机装备产业转型升级的指导意见》，第四部分"大力推广先进适用农机装备与机械化技术"第九条"加强绿色高效新机具新技术示范推广"中要求，大力支持保护性耕作、秸秆还田离田、精量播种、精准施药、高效施肥、水肥一体化、节水灌溉、残膜回收利用、饲草料高效收获加工、病死畜禽无害化处理及畜禽粪污资源化利用等绿色高效机械装备和技术的示范推广。

六、农业节水

2005年，国家发展和改革委员会、科技部会同水利部、建设部、农业部联合印发《中国节水政策技术大纲》，提出在土质较轻、地面坡度较大或降雨量较少的地区，积极推广保护性耕作技术。加强保护性耕作技术中秸秆残茬覆盖处理、机械化生物耕作、化学除草剂施用三个关键技术的研究；加强适用于不同地区的保护性耕作机具的研制与产业化。

2011年，国务院办公厅发布《关于开展2011年全国粮食稳定增产行动的意见》，在"加强农田水利和高标准农田建设"中，要求积极发展旱作农业，推广地膜覆盖、深松深耕、保护性耕作等技术。

2012年，国务院办公厅印发《国家农业节水纲要（2012—2020年）》，在"建立农业节水体系"第七条"推广农机、农艺和生物技术节水措施"中，要求在干旱和易发生水土流失地区，加快推广保护性耕作技术。

2021年，中共中央、国务院印发《黄河流域生态保护和高质量发展规划纲要》，在"第九章 建设特色优势现代产业体系"第二节"进一步做优做强农牧业"中，要求在黄淮海平原、汾渭平原、河套灌区等粮食主产区，积极推广优质粮食品种种植，大力建设高标准农田，实施保护性耕作，开展绿色循环高效农业试点示范，支持粮食主产区建设粮食生产核心区。

七、粮食安全与可持续发展

2003 年，国务院印发国家计委会同有关部门制定的《中国 21 世纪初可持续发展行动纲要的通知》，在"生态保护和建设"中，要求大力开展保护性耕作，继续开展旱作农业示范县和生态农业示范县建设。

2009 年，经国务院批准，农业部和国家发展改革委联合印发《保护性耕作工程建设规划（2009—2015 年）》，将北方 15 个省（自治区、直辖市）和苏北、皖北地区划分为东北平原垄作、东北西部风沙干旱、西北黄土高原、西北绿洲农业、华北长城沿线、黄淮海两茬平作 6 个保护性耕作类型区，以县（农场）为项目单元，建设 600 个高标准保护性耕作工程示范区 2 000 万亩。依托中国农业大学等单位联合建设国家保护性耕作工程技术中心，加强保护性耕作技术支撑能力，完善定型适合不同区域、不同农艺特点的保护性耕作技术模式、机具系统和综合技术体系，积极探索有中国特色的保护性耕作发展道路。

2011 年，国务院办公厅印发《关于开展 2011 年全国粮食稳定增产行动的意见》，第二部分"重点措施"第四条"加强农田水利和高标准农田建设"中要求，积极发展旱作农业，推广地膜覆盖、深松深耕、保护性耕作等技术。

2014年，国务院印发《关于建立健全粮食安全省长责任制的若干意见》，第二部分"巩固和提高粮食生产能力"第七条"增强粮食可持续生产能力"中指出，大力推进机械化深松整地、保护性耕作、施用有机肥和秸秆还田，加快实施土壤有机质提升补贴项目。

2015年，经国务院同意，农业部、国家发展改革委、科技部、财政部、国土资源部、环境保护部、水利部、国家林业局联合印发《全国农业可持续发展规划（2015—2030年)》，第三部分"重点任务"第二条"保护耕地资源，促进农田永续利用"中要求，采取深耕深松、保护性耕作、秸秆还田、增施有机肥、种植绿肥等土壤改良方式，增加土壤有机质，提升土壤肥力；第三条"节约高效用水，保障农业用水安全"中要求，在水土流失易发地区，扩大保护性耕作面积；第四部分"区域布局"第一条"优化发展区"中要求，在东北典型黑土带，综合治理水土流失，实施保护性耕作，增施有机肥，推行粮豆轮作。到2020年，适宜地区深耕深松全覆盖，土壤有机质恢复提升，土壤保水保肥能力显著提高；在黄淮海区，推行农艺节水和深耕深松、保护性耕作，到2020年地下水超采问题得到有效缓解。

八、地方政府文件

2002年以来，多个省（自治区、直辖市）从保护性耕作技术、秸秆禁烧与综合利用、耕地保护、高标准农田建设、水土保持、重要河流流域治理、大气污染防治和农业现代化等方面，发布了多项政策文件与条例。

1. 北京市

2003 年，北京市政府印发《关于分解实施本市第九阶段控制大气污染措施任务的通知》，要求继续组织对季节性裸露农田的治理，基本实现秋收作物留茬免耕。对近郊区粮食作物全面实行保护性耕作。随后多年，保护性耕作被作为北京市控制大气污染的措施之一。

2006 年，农业部和北京市人民政府联合实施"北京市全面实施保护性耕作项目"，计划用 3 年时间取消铧式犁，在京郊农田全面实施保护性耕作。到 2008 年，将北京市建成全国首个全面实施保护性耕作的示范省区市，减少农田的扬尘量 50％左右，缓解北京沙尘暴和浮尘天气的危害。

2021 年，北京市人民政府印发《北京市"十四五"时期生态环境保护规划》的通知，要求实施越冬作物种植、推广保护性耕作等模式，减少农业扬尘。

2021 年，《北京市关于全面推行"田长制"的实施意见》要求，加强冬春季季节性裸露农田冬小麦及其他越冬作物的生物覆盖和留茬、秸秆覆盖，积极推广保护性耕作，切实减少农业扬尘。

2022 年，北京市政府办公厅印发《北京市深入打好污染防治攻坚战 2022 年行动计划》，在"大气污染防治 2022 年行动计划"中，要求强化耕地扬尘管控，推广少耕免耕播种、秸秆粉碎还田覆盖和农机深松整地等保护性耕作技术，减少地表裸露抑制扬尘。

2. 天津市

2003 年，天津市人民政府办公厅印发《关于加快实施保护性耕作推广工作的意见》，认为天津市农业干旱缺水，传统的旱地耕作制度已不能适应既要发展生产又要保护生态环境的需要。因此，改革传统的耕作方法，推广保护性耕作对于改善生态环境、促进农业可持续发展、增加农作物产量和农民收入具有十分重要的意义。

2016年，《天津市水土保持规划（2016—2030年）》要求，推行保护性耕作制度，减少对地表扰动。

2018年，《天津市秸秆综合利用规划（2018—2020年）》要求，提高秸秆肥料化及基料化利用水平。坚持就地处理、循环利用、方便快捷的原则，继续推广普及保护性耕作技术。

2022年，《天津市高标准农田建设规划（2021—2030年）》要求，推广以深耕深松耕作层或少耕免耕覆盖栽培等保护性耕作技术，提高耕地涵蓄肥水的能力；通过土地平整、保护性耕作与生态环境保护与建设，可改善小气候、保持水土，有效防治土地沙化，改善土壤理化性状，保护农田生态环境，促进无公害、绿色农产品的生产。

3. 山西省

2003年，山西省政府印发《关于发展机械化保护性耕作农业的实施意见》，计划到2015年，使全省65%以上的可机械作业旱地面积普及应用保护性耕作技术，实施规模达到1500万亩以上；休闲旱地土壤风蚀减少60%，使裸露耕地形成的大面积沙源区得到基本治理；项目区减少水土流失80%，土壤有机质含量达到1.0%以上，粮食生产效益提高15%以上；全面提高农业综合生产能力。通过努力，使全省农业基本形成以机械化保护性耕作农业为主要内容的生态农业新格局。

2018年，《山西省打赢蓝天保卫战三年行动计划》要求，推广保护性耕作、林间覆盖等方式，抑制季节性裸地农田扬尘。

2022年，《山西省高标准农田建设规划（2021—2030年）》要求，采取深耕深松、保护性耕作等合理耕作措施，改善土壤结构，增加耕作层厚度，提高土壤蓄水保肥及防止作物倒伏能力；推广少耕穴灌集雨沟播、保护性耕作、地膜覆盖增温提墒等旱作技术，提高旱地综合生产能力。

2022年，山西省农业农村厅印发《山西省"十四五"有机旱作农业发展规划》，将实施保护性耕作工程，在旱作区推广秸秆覆盖还田免耕或少耕技术，同时，采用高效能免耕播种机械，保证播种质量，根据土壤情况，进行必要的深松。通过实施保护性耕作，减少风蚀、水蚀，提高土壤肥力和抗旱能力。"十四五"期间，在旱作区建设一批高标准保护性耕作应用基地，每年推广面积20万亩。

4. 陕西省

2013年，《陕西省水土保持条例》要求，在水力侵蚀地区，以天然沟壑及其两侧山坡地形成的小流域为单元，采取工程措施、植物措施和保护性耕作等措施，进行坡耕地和沟道水土流失综合治理。

2015年，《陕西省耕地质量保护办法》要求，选用深耕、深松、轮作、少耕免耕等耕作技术（以提高耕地质量）。

2017年，《陕西省秦岭生态环境保护条例》要求，秦岭范围内的县级以上水行政主管部门应当合理规划，采取工程措施、植物措施和保护性耕作等措施，控制区域水土流失面积，减少水土流失。

2022年，陕西省委、省政府印发《陕西省黄河流域生态保护和高质量发展规划》，要求大力建设高标准农田，实施保护性耕作，开展绿色循环高效农业试点示范。

5. 河北省

2002年，河北省人民政府印发《关于加快发展机械化保护性耕作的通知》，计划"十五"末，全省推广玉米免耕覆盖播种面积2 500万亩、小麦免耕覆盖播种面积500万亩。到2010年，在全省小麦、玉米种植区基本普及免耕覆盖播种技术。

2016年，《河北省水土保持规划（2016—2030年)》要求，沙耕地采取免耕、休耕、轮耕轮作、间作套种等保护性耕作措施，减轻土壤风力侵蚀。

2020年，河北省人民政府办公厅印发《河北省秸秆综合利用实施方案（2021—2023年)》，要求提升秸秆直接还田质量，大力推广秸秆粉碎还田、免耕播种和耕翻（深旋、深松）、小麦秸秆打捆等集成技术。

2021年，《河北省高标准农田建设规划（2021—2030年)》要求在燕山山前平原区，实施测土配方施肥、保护性耕作和秸秆还田，发展节水农业，深耕深松耕作层，治理重金属污染土地，广辟肥源，培肥土壤，提高地力。

6. 河南省

2017年，河南省政府印发《河南省"十三五"现代农业发展规划》，要求积极推广深耕深松等保护性耕作措施，着力改善土壤结构，提高耕地基础地力。实施保护性耕作示范推广项目，发挥农民合作社、种粮大户的带动作用，扩大农机深松整地面积。

2021年，河南省政府印发《河南省"十四五"生态环境保护和生态经济发展规划》，提出推广耕地保护性耕作，增强耕地碳汇能力。

2022年，河南省政府印发《河南省"十四五"自然资源保护和利用规划》，要求推广耕地保护性耕作，整体增强森林、湿地、耕地等碳汇能力。

2022年，河南省政府印发《河南省高标准农田建设规划（2021—2030年）》，在"农田土壤质量提升"中，要求通过增施有机肥、秸秆还田、保护性耕作、适度深耕、施用具有松土功能的土壤调理剂、测土配方施肥等措施治理土壤板结；治理土壤板结可采取增施有机肥、秸秆还田、保护性耕作、适度深耕、施用土壤调理剂、测土配方施肥等措施。

2024年，河南省委、省政府印发《河南省加强新时代水土保持工作实施方案》，在"加快推进水土流失重点治理"中，要求实施保护性耕作、地埂植物带、农田防护林建设等配套措施，推广测土配方配肥等科学施肥技术，依法淘汰高毒农药，推进生态清洁小流域建设。

7. 山东省

2014年，山东省人民代表大会常务委员会公布《山东省水土保持条例》，在第四章"水土流失治理"中，第三十八条要求，在山区、丘陵区，各级人民政府以及有关部门应当组织单位和个人，以天然沟壑及其两侧山坡地形成的小流域为单元，因地制宜地采取工程措施、植物措施和保护性耕作等措施，进行坡耕地和沟道水土流失综合治理。

2016年，山东省人民政府印发《关于印发山东省土壤污染防治工作方案的通知》，要求实施保护性耕作，推行秸秆还田、增施有机肥、免（少）耕播种、粮豆轮作、农膜减量与回收利用等措施；在鲁西平原区、鲁北平原区、鲁中南山地丘陵区大力推广保护性耕作。

2018年，中共山东省委、山东省人民政府印发《关于加强耕地保护和改进占补平衡的实施意见》，要求因地制宜实行免耕少耕、深松浅翻、深施肥料、粮豆轮作套作的保护性耕作制度，提高土壤有机质含量，平衡土壤养分，实现用地与养地结合，多措并举保护提升耕地产能。

2022年，山东省委、山东省政府印发《山东省黄河流域生态保护和高质量发展规划》，要求实施保护性耕作，开展农药化肥使用减量计划，推行秸秆还田、增施有机肥、免（少）耕播种、粮豆轮作、农用薄膜科学应用与回收利用等措施。

8. 内蒙古自治区

2005年，内蒙古自治区人民政府印发《关于实施农业保护性耕作制度的意见》，计划从现在起到2010年，以旱作农田为重点，在全区适宜地区大力推广保护性耕作技术，力争使农田留茬越冬面积达到50％，深松面积达到25％，免耕播种面积达到15％；培育一批农民科技示范户，建立适应市场经济的农业保护性耕作运行机制和保障机制。

2018年，《内蒙古自治区水土保持条例》修订，要求在十五度以下坡耕地开垦种植农作物的，应当根据不同情况采取坡改梯、等高耕作、带状间作、免耕、保护性耕作等措施。在水力侵蚀地区，以小流域为单元，采取工程措施、植物措施和保护性耕作等措施，建立水土流失综合防护体系。

2022年，《内蒙古自治区黄河流域生态保护和高质量发展规划》要求，以河套-土默川平原为重点，推进建设高标准农田，实施保护性耕作，持续提升耕地质量，建设现代农业示范区。

9. 黑龙江省

2016年，黑龙江省发布《黑龙江省耕地保护条例》，第八条要求，村民委员会、农村集体经济组织和村民小组作为耕地发包方，有权监督承包方、耕地使用者依照承包合同约定的用途合理利用和保护耕地，督促耕地使用者采取保护性耕作措施，制止损害耕地和耕地基础设施的行为。

2024年，《黑龙江省黑土地保护利用条例》修订，要求县级以上人民政府农业农村主管部门负责耕地质量保护相关工作，推进落实田长制，实施高标准农田建设项目，推广保护性耕作和科学施肥，对农业投入品等进行监督管理。

10. 吉林省

2022年，《吉林省黑土地保护条例》修订，要求农村集体经济组织、农业企业、农民专业合作社、农户等应当十分珍惜和合理利用黑土地，加强农田基础设施建设，因地制宜应用保护性耕作等技术，积极采取提升黑土地质量和改善农田生态环境的养护措施，依法保护黑土地。

2022年，吉林省人民政府印发《吉林省黑土地保护总体规划（2021—2025年）》，计划到"十四五"末期，保护性耕作面积达到4 000万亩，建成高标准农田5 000万亩，典型黑土区保护面积达到3 000万亩、土壤有机质含量平均提高1 g/kg，耕地质量比"十三五"初期提升0.5个等级，正常年景粮食产量稳定在800亿斤阶段性水平，努力向1 000亿斤目标迈进。

11. 辽宁省

2021年，辽宁省人民政府令第341号修正《辽宁省耕地质量保护办法》，第十三条要求，农业行政主管部门应当组织农业机械技术推广机构推行农业机械保护性耕作技术，引导耕地使用者改变传统耕作习惯，采用保护性耕作措施，防止耕地养分流失。第六条鼓励耕地使用者采用测土配方施肥及免耕播种施肥等技术培肥地力。

2021年，《辽宁省黑土地保护规划（2021—2030年）》要求突出抓好保护性耕作。优化耕作制度，推广应用少免耕、秸秆覆盖、深松等农艺综合措施，构建肥沃耕作层，改善黑土地土壤理化性状，增强保水保肥能力。开展保护性耕作，旱田因地制宜采取秸秆翻埋、碎混和少免耕秸秆覆盖还田；水田采取秸秆翻压、旋耕和原茬搅浆还田，增肥耕地地力。

2021年，《辽宁省高标准农田建设规划（2021—2030年）》将保护性耕作列为土壤改良技术之一，要求通过保护性耕作、秸秆还田、增施有机肥、轮作，加强坡耕地与风蚀沙化土地综合防护与治理，推广节水技术，加快保护修复黑土地生态环境，提升粮食综合生产能力。

2021年，《辽宁省国土空间生态修复规划（2021—2035年）》要求，在黑土地保护中，积极推广保护性耕作项目，在基础较好、条件成熟的地区整村、整乡、整县区域推进黑土地保护性耕作；在建设优质生态良田中，按照辽西北地区率先推进、辽南地区加快推进、辽东地区积极推进的原则，在全省适宜地区，因地制宜、有序推广用养结合的保护性耕作方式。

12. 甘肃省

2022年，《甘肃省耕地质量管理办法》发布，要求县级以上人民政府应当制定耕地质量保护和建设规划，支持和鼓励耕地使用者采取下列措施提高耕地质量，这些措施包括"少耕、免耕等保护性耕作技术"。

2022年，《甘肃省水土保持条例》发布，要求在水力侵蚀地区，应当以梯田建设为主体，以小流域为单元，采取工程、植物和保护性耕作等措施，综合治理水土流失。

参考文献

[1] 白鑫,廖劲杨,胡红,等. 保护性耕作对水土保持的影响[J]. 农业工程,2020,10(8):76-82.

[2] 高焕文,李洪文,李问盈. 保护性耕作的发展[J]. 农业机械学报,2008,39(9):43-48.

[3] 高焕文,李问盈,李洪文. 中国特色保护性耕作技术[J]. 农业工程学报,2003,19(3):1-4.

[4] 高旺盛,张海林,陈源泉,等. 中国保护性耕作制[M]. 北京:中国农业大学出版社,2011.

[5] 何进,李洪文,陈海涛,等. 保护性耕作技术与机具研究进展[J]. 农业机械学报,2018,49(4):1-19.

[6] 何进,郑智旗,王庆杰. 固定垄保护性耕作机具的研究现状[J]. 农机化研究,2014,36(9):6-10.

[7] 贺云锋,沈海鸥,张月,等. 黑土区坡耕地不同秸秆还田方式的水土保持效果分析[J]. 水土保持学报,2020,34(6):91-96.

[8] 霍丽丽,姚宗路,赵立欣,等. 秸秆综合利用减排固碳贡献与潜力研究[J]. 农业机械学报,2022,53(1):349-359.

[9] 霍琳,杨思存,王成宝,等. 耕作方式对甘肃引黄灌区灌耕灰钙土团聚体分布及稳定性的影响[J]. 应用生态学报,

2019,30(10):3463-3472.

[10] 金攀. 美国保护性耕作发展概况及发展政策[J]. 农业工程技术(农产品加工业),2010(11):23-25.

[11] 孔德杰. 秸秆还田和施肥对麦豆轮作土壤碳氮及微生物群落的影响[D]. 咸阳:西北农林科技大学,2020.

[12] 李兵,李洪文. 2BMD-12型小麦对行免耕播种机的设计[J]. 农业机械学报,2006,37(3):41-44.

[13] 李传弟,陈林东,陈艳秋. 发展保护性耕作促进绿色农业发展[J]. 吉林农业,2008(11):16-17.

[14] 李银科,李菁菁,周兰萍,等. 河西绿洲灌区保护性耕作对土壤风蚀特征的影响[J]. 中国生态农业学报(中英文),2019,27(9):1421-1429.

[15] 李智广. 中国水土流失现状与动态变化[J]. 中国水利,2009(7):8-11.

[16] 刘立晶,高焕文,李洪文. 玉米-小麦一年两熟保护性耕作体系试验研究[J]. 农业工程学报,2004,20(3):70-73.

[17] 刘莉莉,马忠明,吕晓东. 多年固定道保护性耕作对土壤有机碳和小麦产量的影响[J]. 麦类作物学报,2013,33(5):1025-1029.

[18] 鲁向晖,隋艳艳,王飞,等. 保护性耕作技术对农田环境的影响研究[J]. 干旱地区农业研究,2007,25(3):66-72.

[19] 禄兴丽. 保护性耕作措施下西北旱作麦玉两熟体系碳平衡及经济效益分析[D]. 咸阳:西北农林科技大

学,2017.

[20] 罗红旗,高焕文,刘安东,等.玉米垄作免耕播种机研究[J].农业机械学报,2006,37(4):45-47,63.

[21] 马洪亮,高焕文,魏淑艳.驱动缺口圆盘玉米秸秆根茬切断装置的研究[J].农业工程学报,2006,22(5):86-89.

[22] 农田建设管理司.农业农村部　国家发展和改革委员会　财政部　水利部　科学技术部　中国科学院　国家林业和草原局关于印发《国家黑土地保护工程实施方案（2021—2025 年）》的通知［EB/OL］.（2020-07-29）[2023-11-26]. http://www.ntjss.moa.gov.cn/zcfb/202107/t20210729_6373118.htm.

[23] 农业部发展计划司.农业部国家发展改革委关于印发《保护性耕作工程建设规划（2009—2015 年）》的通知［EB/OL］.（2009-08-28）[2023-11-26]. http://www.ghs.moa.gov.cn/ghgl/201006/t20100606_1533164.htm.

[24] 农业部,国家发展改革委,科技部,财政部,国土资源部,环境保护部,水利部,国家林业局.关于印发《全国农业可持续发展规划（2015—2030 年）》的通知［EB/OL］.（2015-05-20）[2023-11-26]. https://www.gov.cn/gongbao/content/2015/content_2941167.htm.

[25] 农业部农业机械化管理司.中国保护性耕作[M].北京:中国农业出版社,2008.

[26] 农业农村部,财政部.农业农村部　财政部关于印发《东北黑土地保护性耕作行动计划（2020—2025 年）》的通知［EB/OL］.（2020-02-25）[2023-11-26]. https://www.

moa. gov. cn/nybgb/2020/202004/202005/t20200507 _ 6343266. htm.

[27] 农业农村部. 农业农村部 国家发展改革委 科技部 自然资源部 生态环境部 国家林草局关于印发《"十四五"全国农业绿色发展规划》的通知[EB/OL]. (2021-09-07)［2023-11-26］. http：// www. moa. gov. cn/ govpublic/FZJHS/202109/t20210907_6375844. htm.

[28] 彭正凯,李玲玲,谢军红,等. 保护性耕作对陇中旱作农田水分特征的影响[J]. 应用生态学报,2018,29(12):134-140.

[29] 人民日报. 采取有效措施把黑土地保护好利用好[EB/OL]. (2023-07-29)［2023-11-26］. https：// guancha. gmw. cn/2020-07/29/content_34038633. htm.

[30] 人民日报. 农田就是农田,而且必须是良田[EB/OL]. (2022-02-19)［2023-11-26］. http：// politics. people. com. cn/n1/2022/0219/c1001-32355094. html.

[31] 人民日报. 像保护大熊猫一样保护耕地［EB/OL］. (2023-07-11)［2023-11-26］. http：// opinion. people. com. cn/n1/2023/0711/c1003-40032438. html.

[32] 石祖梁,王飞,王久臣,等. 我国农作物秸秆资源利用特征、技术模式及发展建议[J]. 中国农业科技导报,2019,21(5):8-16.

[33] 苏艳波,张东远,李洪文,等. 基于自动取阀分割算法的秸秆覆盖率检测系统[J]. 农机化研究,2012,34(8):138-142.

[34] 碳中和能谱网. 碳中和的政策推进给农民带来了额外收入[EB/OL]. (2021-09-28)[2023-11-26]. https：//baijiahao. baidu. com/s? id=1712139566416203928&wfr=spider&for=pc.

[35] 王长生,王遵义,苏成贵,等. 保护性耕作技术的发展现状[J]. 农业机械学报,2004,35(1):167-169.

[36] 王冬雪. 梨树县卢伟农机农民专业合作社发展之路[EB/OL]. (2021-02-10)[2023-11-26]. http：//agri. jl. gov. cn/xwfb/sxyw/202102/t20210210_7940246. html.

[37] 王晴晴,郑侃,陈黎卿. 我国免耕播种机发展现状与趋势[J]. 农业机械,2021(3):57-60.

[38] 王晓燕,高焕文,杜兵,等. 保护性耕作的不同因素对降雨入渗的影响[J]. 中国农业大学学报,2001(6):42-47.

[39] 魏延富,高焕文,李洪文. 三种一年两熟地区小麦免耕播种机适应性试验与分析[J]. 农业工程学报,2005,21(1):97-101.

[40] 温磊磊,郑粉莉,沈海鸥,等. 沟头秸秆覆盖对东北黑土区坡耕地沟蚀发育影响的试验研究[J]. 泥沙研究,2014(6):73-80.

[41] 吴姗姗,牛键值,蔺星娜. 京郊延庆农田保护性耕作措施对土壤风蚀的影响[J]. 中国水土保持科学,2020,18(1):57-67.

[42] 闫雷,纪晓楠,孟庆峰,等. 免耕措施下黑土区坡耕地土壤肥力质量评价[J]. 东北农业大学学报,2019,50(5):43-54.

[43] 央视国际. 保护性耕作技术——从试验示范走向规模推广[EB/OL]. (2006-09-12)[2023-11-26]. https://www.cctv.com/agriculture/20060912/101251.shtml.

[44] 杨永辉,武继承,丁晋利,等. 长期免耕对不同土层土壤结构与有机碳分布的影响[J]. 农业机械学报,2017,48(9):173-182.

[45] 姚宗路,李洪文,高焕文,等. 一年两熟区玉米覆盖地小麦免耕播种机设计与试验[J]. 农业机械学报,2007,38(8):57-61.

[46] 张翼夫,李洪文,何进,等. 玉米秸秆覆盖对坡面产流产沙过程的影响[J]. 农业工程学报,2015,31(7):118-124.

[47] 张翼夫,王庆杰,胡红,等. 华北玉米秸秆覆盖对砂土、壤土水土保持效应的影响[J]. 农业机械学报,2016,47(5):138-145,154.

[48] 张永斌. 陕西旱地保护性耕作技术模式研究[D]. 咸阳:西北农林科技大学,2010.

[49] 章志强,何进,李洪文,等. 可调节式秸秆粉碎抛撒还田机设计与试验[J]. 农业机械学报,2017,48(9):76-87.

[50] 赵金辉,刘立晶,杨学军,等. 播种机开沟深度控制系统的设计与室内试验[J]. 农业工程学报,2015,31(6):35-41.

[51] 赵云,徐彩龙,杨旭,等. 不同播种方式对麦茬夏大豆保苗和生产效益的影响[J]. 作物杂志,2018,4:114-120.

[52] 郑侃,陈婉芝. 深松机具研究现状与展望[J]. 江苏农业

中国保护性耕作发展战略研究

科学,2016,44(8):16-20.

[53] 中国新闻网.新疆博乐市"免耕"玉米播种成功今年将推广6万亩[EB/OL].(2021-04-13)[2023-11-26].www.chinanews.com.cn/sh/2021/04-13/9453692.shtml.

[54] 中华人民共和国农业农村部.2021年全国农业机械化发展统计年报[R/OL].(2022-08-17)[2023-11-26].http://www.njhs.moa.gov.cn/nyjxhqk/202208/t20220817_6407161.htm.

[55] 中华人民共和国农业农村部.农业部办公厅关于印发《保护性耕作项目实施规范》《保护性耕作关键技术要点》的通知[EB/OL].(2011-07-20)[2023-11-26].www.moa.gov.cn/nybgb/2011/dqq/201805/t20180522_6142772.htm.

[56] 中华人民共和国农业农村部.农业部关于大力发展保护性耕作的意见[EB/OL].(2007-05-20)[2023-11-26].https://www.moa.gov.cn/nybgb/2007/dwuq/201806/t20180613_6151894.htm.

[57] 中华人民共和国全国人民代表大会.黑土地保护法8月1日起施行[EB/OL].(2022-06-24)[2023-11-26].http://www.npc.gov.cn/npc/c2/c30834/202206/t20220624_318310.html.

[58] 中华人民共和国水利部.2019年中国水土保持公报[R/OL].(2020-09-20)[2023-11-26].http://www.mwr.gov.cn/sj/tjgb/zgstbcgb/202009/t20200924_1448752.html.

[59] 中华人民共和国中央人民政府.2005年中央一号文件

中共中央国务院关于进一步加强农村工作提高农业综合生产能力若干政策的意见(2004 年 12 月 31 日).(2006-02-22)[2023-11-26].https://www.gov.cn/test/2006-02/22/content_207406.htm.

[60] 中国政府网.《求是》杂志发表李克强总理文章 以改革创新为动力 加快推进农业现代化[EB/OL].(2015-02-15)[2023-11-26].https://www.gov.cn/guowuyuan/2015-02/15/content_2820050.htm.

[61] 中华人民共和国自然资源部. 2017 年中国土地矿产海洋资源统计公报[R/OL].(2018-05-18)[2023-11-26].https://gi.mnr.gov.cn/201805/P020180518560317883958.pdf

[62] 朱高立,黄炎和,林金石,等. 模拟降雨条件下秸秆覆盖对崩积体侵蚀产流产沙的影响[J]. 水土保持学报,2015,29(3):27-31,37.

[63] Borges G. Resumo historico do plantio direto no Brasil [C]. EMBRAPA. Centro Nacional de Pesquisa de Trigo (Passo Fundo,RS). Plantio direto no Brasil. EM-BRAPA-CNPTFundacep Fecotrigo/Fundacao ABC/Aldeia Norte, 1993:13-17.

[64] Derpsch R,Friedrich T,Kassam A,et al. Current status of adoption of no-till farming in the world and some of its main benefits[J]. International Journal of Agricultural and Biological Engineering, 2010, 3 (1): 1-26. https://doi.org/10.3965/j.issn.1934-6344.2010.01.001-025.

中国保护性耕作发展战略研究

[65] ECAF members. Adoption of conservation agriculture in Europe [EB/OL]. In: European Conservation Agriculture Federation (ECAF). (2020) [2023-11-26]. https://ecaf.org/adoption-of-conservation-agriculture-in-europe.

[66] European Commission. The common agricultural policy at a glance[EB/OL]. (2021) [2023-11-26]. https://ec.europa.eu/info/food-farming-fisheries/key-policies/common-agricultural-policy/cap-glance_en#:~:text=Launched in 1962％2C theEU's, It aims to％3A&text = maintain rural areas and landscapes, foods industries andassociated sectors.

[67] FAO. Fact sheet on conservation agriculture[R/OL]. Rome: FAO, 2017. [2023-11-26]. www.fao.org/3/i7480e/i7480e.pdf.

[68] FAO. Policy and institutional support for conservation agriculture in the Asia-Pacific Region[C]. Bangkok, Thailand: FAO Regional Office for Asia and the Pacific, 2013.

[69] FAO. Promotion of advanced straw utilization technologies in Jiangsu Province, China[R]. 2004, TCP/CPR/2905 (2004—2005).

[70] FAO. Three principles of conservation agriculture[EB/OL]. [2023-10-14]. https://www.fao.org/conservation-agriculture/en/.

[71] Faulkner E H. Plowman's folly[M]. London: Michael Joseph, 1943.

[72] Friedrich T, Derpsch R, Kassam A H. Global overview of the spread of conservation agriculture[J]. Field Actions Science Report, 2012, 6: 1-7.

[73] Goddard T, Basch G, Derpsch R, et al. Institutional and policy support for Conservation Agriculture uptake [M]. Chap 12 In: Kassam A, ed. Advances in Conservation Agriculture Volume 1: Systems and Science, p. 38-39. Cambridge, UK: Burleigh Dodds Science Publishing, 2020.

[74] Guangdong Provincial Agricultural Non-point Source Pollution Control Project Management Office. Comprehensive information network of Guangdong agricultural non-point source pollution control project loaned by World Bank (R/OL). [2023-11-26]. www. gdmy. org.

[75] Harrington L W. A brief history of conservation agriculture in Latin America, South Asia and Sub-Saharan Africa[R]. New Delhi, India: PACA, 2008.

[76] He J, Kuhn N J, Zhang X M, et al. Effects of 10 years of conservation tillage on soil properties and productivity in the farming-pastoral ecotone of Inner Mongolia, China[J]. Soil Use and Management, 2009, 25 (2): 201-209. https: // doi. org/10. 1111/j. 1475-2743.

2009. 00210. x.

[77] He J, Li H W, Wang Q J, et al. The adoption of conservation tillage in China[J]. Annals of the New York Academy of Sciences, 2010, 1195 (Suppl): E96-106. https://doi. org/10. 1111/j. 1749-6632. 2009. 05402. x.

[78] He J, McHugh A D, Li H W, et al. Permanent raised beds improved soil structure and yield of spring wheat in arid north-western China [J]. Soil Use and Management, 2012, 28 (4): 536-543. https: // doi. org/10. 1111/j. 1475-2743. 2012. 00445. x.

[79] He J, Wang Q J, Li H W, et al. Soil physical properties and infiltration after long-term no-tillage and ploughing on the Chinese Loess Plateau[J]. New Zealand Journal of Crop and Horticultural Science, 2009, 37 (3): 157-166. https://doi. org/10. 1080/011406709095 10261.

[80] Herrman D. Conservative Trends from a Farmer's Point of View. SAE Technical Paper, 1986: 860773. https: // doi. org/10. 4271/860773.

[81] Kassam A, Friedrich T, Derpsch R. Global spread of conservation agriculture [J]. International Journal of Environmental Studies, 2019, 76 (1): 29-51. https: // doi. org/10. 1080/00207233. 2018. 1494927.

[82] Kassam A, Friedrich T, Shaxson F, et al. The spread of Conservation Agriculture: justification, sustaina-

bility and uptake[J]. International Journal of Agricultural Sustainability, 2009, 7 (4): 292-320. https://doi. org/10. 3763/ijas. 2009. 0477.

[83] Kassam A, Li H W, Niino Y, et al. Current status, prospect and policy and institutional support for Conservation Agriculture in the Asia-Pacific region[J]. International Journal of Agricultural and Biological Engineering, 2014, 7 (5): 1-13. https://doi. org/10. 3965/j. ijabe. 20140705. 001.

[84] Li H W, Gao H W, Wu H D, et al. Effects of 15 years of conservation tillage on soil structure and productivity of wheat cultivation in Northern China[J]. Australian Journal of Soil Research, 2007, 45 (5): 344-350. https://doi. org/10. 1071/SR07003.

[85] Llewellyn R, Emden F D, Gobbett D. Preliminary draft report for SA no-till farmers association and CAANZ [R]. CSIRO, 2008.

[86] Mitchell J P, Shrestha A, Mathesius K, et al. Cover cropping and no-tillage improve soil health in an arid irrigated cropping system in California' s San Joaquin Valley, USA[J]. Soil and Tillage Research, 2017, 165 (1): 325-335.

[87] Singh V K, Singh Y, Dwivedi B S, et al. Soil physical properties, yield trends and economics after five years of conservation agriculture based rice-maize system in

中国保护性耕作发展战略研究

north-western India [J]. Soil & Tillage Research, 2016, 155: 133-148.

[88] Thomas G A, Titmarsh G W, Freebairn D M, et al. No-tillage and conservation farming practices in grain growing areas of Queensland: a review of 40 years of development [J]. Australian Journal of Experimental Agriculture, 2007, 47 (8), 887-898.

[89] Wang Q J, Bai Y H, Gao H W, et al. Soil chemical properties and microbial biomass after 16 years of no-tillage farming on the Loess Plateau, China [J]. Geoderma, 2008, 144 (3-4): 502-508. https://doi.org/10.1016/j.geoderma.2008.01.003.

[90] Wang X Y, Gao H W, Tullberg J, et al. Traffic and tillage effects on runoff and soil loss on the Loess Plateau of Northern China[J]. Australian Journal of Soil Research, 2008, 46 (8): 667-675. https://doi.org/10.1071/SR08063.